地热能推动能源革命

刘洪涛　王红霞　马　涛　编著

中国环境出版集团·北京

图书在版编目（CIP）数据

地热能推动能源革命/刘洪涛，王红霞，马涛编著.
—北京：中国环境出版集团，2022.6
ISBN 978-7-5111-4937-4

Ⅰ.①地…　Ⅱ.①刘…②王…③马…　Ⅲ.①地热
能—能源发展—研究　Ⅳ.①TK521

中国版本图书馆 CIP 数据核字（2021）第 266027 号

出 版 人　武德凯
责任编辑　林双双
责任校对　薄军霞
封面设计　彭　杉

出版发行　**中国环境出版集团**
　　　　　（100062　北京市东城区广渠门内大街 16 号）
　　　　　网　　址：http://www.cesp.com.cn
　　　　　电子邮箱：bjgl@cesp.com.cn
　　　　　联系电话：010-67112765（总编室）
　　　　　发行热线：010-67125803，010-67113405（传真）
印　　刷　北京中科印刷有限公司
经　　销　各地新华书店
版　　次　2022 年 6 月第 1 版
印　　次　2022 年 6 月第 1 次印刷
开　　本　787×960　1/16
印　　张　11
字　　数　250 千字
定　　价　48.00 元

序

　　能源是人类赖以生存和社会发展的重要基础。推动能源生产和消费革命，构建清洁低碳、安全高效的能源体系，这一重要论述对于新时代、新起点上加快我国能源行业改革发展具有重大指导意义。面对传统化石能源的逐渐枯竭、环境污染和气候变暖日益严峻等一系列问题，积极推进能源革命，大力发展新能源、可再生能源，推广绿色能源，已成为各国重大战略选择。

　　地热资源来自地球"大热库"，储量巨大，根据地热水的温度，可将其分为高温型、中温型和低温型三大类。依据"温度对口、梯级利用"的原则，可选取不同的方式对不同温度的地热资源进行利用。同时，地热资源利用过程中的污染物减排效益优势明显，且在新能源与可再生能源大家族中，地热能的能源利用系数高。在部分国家，地热电站的能源利用系数可达90%。

　　目前，许多国家都在加快开发和利用地热资源。我国改革开放以来，经济发展迅速，人们生活水平不断提高，城镇化步伐加快，建筑运行能耗日益增大，特别是冬季采暖供热。因此，开发和利用地热资源，在建筑物的供冷、供热等方面有着十分广阔的市场，对我国调整能源结构、实现节能减排与可持续发展、保卫蓝天等均具有重要的意义。总之，地热资源储量丰富，且具有可再生、无污染或极少污染等特点，必将成为未来能源的重要组成部分之一。

　　基于能源革命和绿色能源的发展趋势，本书分析了地热能具有清洁低碳、安全可靠、储量巨大等优势，详细阐述了地热能及取热技术、地热能在城市供热和综合能源系统中的应用与分布，并进一步分析了地热能未来的发展趋势。

　　本书的出版，对我国地热能的开发与利用具有重要的推动作用。希望对研究能源利用特别是地热能利用的学者和技术工作者有所启发，并能从中汲取新的、有用的知识，共同致力于打造我国清洁低碳、安全高效能源体系的美好未来！

任战利

2021 年 9 月

前　言

　　面对我国日益严峻的能源和环境问题，开发利用清洁可再生能源成为我国经济发展和社会进步的重要保障。传统化石能源在消耗的过程中，必然会产生一系列的环境污染问题，其高峰时代已逐渐远去，未来可再生能源所占比重会越来越大。在众多可再生能源类别中，地热能具有资源分布广、储量大、清洁环保、稳定可靠等优势，相比其他可再生能源具有更大的开发潜力。我国地热资源丰富，市场潜力巨大，在绿色能源革命的时代背景下，合理地开发利用地热能对缓解能源危机、调整能源结构、节能减排及改善环境具有重要意义。

　　本书结合能源革命与生态文明建设的背景，梳理了绿色能源发展的历程，阐述了地热能开发对能源结构的调整、缓解能源危机以及节能减排等方面的重要意义。同时，对不同时期地热能利用的现状进行概述，分析地热能利用发展趋势。在此基础上，对常见的地热能取热技术（如水源热泵技术、土壤源热泵技术、水热型地热供热技术、中深层地热地埋管供热系统应用技术）进行对比分析，发掘目前应用地热能利用技术的优势，进一步推动地热能供热技术的应用与发展。

　　本书在技术分析的基础上，对地热能在城市供热中的发展现状进行综述，进一步对中深层地热能在北方城市应用的案例进行分析，简要剖析地热能应用带来的经济效益、环境效益及其存在的问题，对中深层地热能推广提出针对性建议。最后，本书阐述了能源互联网及综合能源系统发展应用的现状，简析了地热能在综合能源系统中的应用前景，并对其应用的典型案例进行分析，为地热能利用模式多元化提供一定的参考经验。

　　书中难免存在不足甚至谬误之处，欢迎广大读者批评指正。

编者

2021 年 9 月

目　录

第1章
能源革命与生态文明

1.1 能源革命战略及路径选择

能源是现代社会的"血液"。18世纪以后,煤炭、石油、电力的广泛使用先后推动了第一次工业革命和第二次工业革命,使人类社会从农耕文明迈向工业文明,能源从此成为世界经济发展的重要动力,也成为各国利益博弈的焦点。当今世界,化石能源的大量使用带来环境、生态和全球气候变化等领域一系列的问题,主动破解困局、加快能源转型发展已经成为世界各国的自觉行动。新一轮能源变革兴起将为世界经济发展注入新的活力,推动人类社会从工业文明迈向生态文明。

1.1.1 世界能源革命的发展

能源革命是指在人类文明发展过程中产生了重大影响的能源生产和消费技术的革命。能源革命是推动人类文明进步的根本性能源变革,具体表现为资源形态、技术手段、管理体制、人类认知等方面出现的一系列显著变化。

能源革命与人类的文明进步密切相关。第一次能源革命以钻木取火为标志,人工取火代替了自然火的利用,人类社会进入以薪柴为主要能源的时代。人类脱离蛮荒时代,进入刀耕火种的农业文明,同时逐渐掌握了以风力、水力等自然力作为动力替代人力的技术。第二次能源革命始于18世纪的英国,以蒸汽机的发明和煤炭的大规模使用为主要标志,人类社会进入以煤炭为主要能源的蒸汽时代,并引发了第一次工业革命,机器开始大规模替代风力、水力等自然力。第三次能源革命开始于 19 世纪下半叶,以电力、内燃机的发明和使用为标志,人类进入了以电力和石油为主要能源的时代,并引发了第二次工业革命。两次工业革命以来,能源使用从单一的以煤炭为能源的蒸汽动力转向以煤炭、石油为能源的蒸汽力和内燃力,并逐渐以电力、内燃力取代蒸汽力,能源利用的灵活性和效率大大提高。

当今世界能源消费以化石能源为主,随着经济社会的发展,全球能源发展正面临着越来越严峻的挑战。首先,人类面临化石能源日益减少的挑战。随着新兴国家的经济社会发展和城镇化水平的提高,人均能耗将会大幅增加。在世界人口和人均能耗持续增长的双重推动下,世界能源需求将持续增加。而化石能源在世界一次能源消费结构中所占比例长期保持在 85% 以上,预计到 2040 年,化石能源在世界一次能源消费结构中的比例仍将超过 70%。随着石油、天然气、煤炭消费量的大幅增加,化石能源储采比将会下降,长远来看,全球化石能源资源储量难以为继。其次,人类面临大规模化石能源开发利用带来的生态环境挑战。主要体现在对大气环境的严重影响、加剧破坏水资源环境、增大对生态系统的影响等方面,化石能源的利用排放了大量的 SO_2、NO_x 及烟尘等污染物。目前,全球每年 SO_2 排放总量约为 9×10^7 t,导致大面积土壤和河流酸化,建筑和古迹被侵蚀,我国硫沉积超过临界负荷的土壤面积约占国土面积的 30%。同时,火电、交通及其他工业排放的颗粒物持续增加,容易诱发大面积重污染天气,威胁人类的健康。能源开发利用带来了水资源大量消耗和污染的问题。据国际能源署(IEA)发布的《世界能源展望(2012)》数据,全球有 20% 的人口居住在水资源短缺地区,2012 年世界能源生产耗水量达 6×10^{11} t,约占 2012 年世界总用水量的 15%,能源发展面临着水资源短缺的问题。能源开发利用容易产生水资源污染问题,包括煤炭利用时的废水排放、油气开采造成的海洋污染和地下水污染等。

世界能源发展面临诸多严峻挑战,变革传统能源开发利用的方式、推动能源新技术应用、构建新型能源体系成为世界能源发展的方向。世界主要大国也都加强了自身能源战略调整，希望在新一轮世界能源变革中获得发展主动权。总体来说，世界能源发展呈现出以下 4 种趋势。

一是能源清洁低碳发展成为大势。在人类共同应对全球气候变化的大背景下，世界各国纷纷制定能源转型战略，提出更高的能效目标，制定更加积极的低碳政策，推动可再生能源发展，加大温室气体减排力度。各国不断寻求低成本清洁能源替代方案，推动经济绿色低碳转型。2016 年联合国气候变化大会上通过的《巴黎协定》提出了新的更高的要求，明确 21 世纪下半叶实现全球温室气体排放和吸收相平衡的目标，将驱动以新能源和可再生能源为主体的能源供应体系尽早形成。

二是世界能源供需格局发生重大变化。世界能源需求进入低速增长时期，主要发达国家能源消费总量趋于稳定甚至下降，新兴经济体能源需求将持续增长，占全球能源消费的比重不断上升。随着页岩气开采技术革命性突破，世界油气开始呈现石油输出国组织（OPEC）、俄罗斯、中亚、北美等多极供应新格局。中国、欧盟等国家（地区）大力发展可再生能源，带动全球能源供应日趋多元化，供应能力不断增强，全球能源供需相对宽松。

三是世界能源技术创新进入活跃期。能源新技术与现代信息、材料和先进制造技术深度融合，太阳能、风能、新能源汽车技术不断成熟，大规模储能、氢燃料电池、第四代核电等技术有望再获新突破，能源利用新模式、新业态、新产品日益丰富，将为人类生产生活方式带来深刻变化。各国纷纷抢占能源技术进步先机，谋求新一轮科技革命和产业变革竞争制高点。

四是世界能源走势面临诸多不确定性因素。近年来，国际油价大幅震荡，对世界能源市场造成深远影响，未来走势充满变数。新能源和可再生能源成本相对偏高，竞争优势仍不明显，化石能源主体地位短期内难以替代。地缘政治关系日趋复杂，不稳定、不确定因素明显增多。能源生产和消费国利益分化调整，全球能源治理体系加速重构。

在当前人口、资源、环境三者矛盾不断激化的背景下，新一轮能源革命将以一种全新的"科学用能"模式代替传统的、粗放的用能模式，把人类社会推到以高效化、清洁化、低碳化、智能化为主要特征的能源时代。本轮能源革命的主要特征是新能源技术与信息技术的融合，以互联网技术、新能源技术、智能化制造技术等的广泛应用为标志，给传统能源和制造业带来颠覆性的冲击，能源革命和工业革命将相互促进。新一轮能源革命具有五大特点：一是全球性。新一轮能源革命主要由低碳技术和新能源技术引发，低碳和新能源发展不可能靠某个国家单独完成，而这些技术的发展需要多个国家共同完成。因此，新一轮能源革命从开始就带有全球性特征。二是系统性。新一轮能源革命是全能源系统的根本性大变革，包括与能源生产、运输、转化和消费有关的各个方面。三是可持续性。新一轮能源革命是引领世界可持续发展的能源革命，包括能源供应的可持续性、社会经济发展的可持续性和环境的可持续性。四是低碳化。以前的能源革命更多体现为成本的大幅度降低或便利程度的大幅度提高，而新一轮能源革命主要是引导能源向低碳化方向发展。五是信息化。信息化+能源的模式是新一轮能源革命最重要的特点，实现新能源革命必须依靠创新驱动，包括体制机制创新、管理创新和科技创新。

当前进行的第四次能源革命与前三次截然不同，能源开发已由地下转为地上，其核心是以太阳能、风能等可再生能源的利用为重点，最终替代化石能源的利用，补偿前三次能源革命造成的环境污染，实现人类新的文明与经济的可持续发展。但在其实现步骤上，绝不能像前三次能源革命那样简单地用一种能源替代另一种能源。这次能源革命面临的形势与问题比前三次更为复杂，不能视为一次简单的革命运动，而要分步骤、分阶段稳步推进。需要树立综合概念，一是要将节能作为第一能源看待；二是要使煤炭实现洁净化利用，不能总认为能源革命就是对煤炭的革命；三是要大力发展清洁能源；四是要积极推进可再生能源发展，为可再生能源完全取代化石能源做好铺垫。

1.1.2 中国能源革命的产生与内涵

中国能源革命的产生。"能源革命"一词进入中国政策话语体系是在 2014 年。

2014 年 6 月，在中央财经领导小组第六次会议上，中共中央总书记习近平同志指出，"能源安全是关系国家经济社会发展的全局性、战略性问题，对国家繁荣发展、人民生活改善、社会长治久安至关重要。面对能源供需格局新变化、国际能源发展新趋势，保障国家能源安全，必须推动能源生产和消费革命。推动能源生产和消费革命是长期战略，必须从当前做起，加快实施重点任务和重大举措。"习近平总书记针对推动能源生产和消费革命提出 5 点要求。第一，推动能源消费革命，抑制不合理能源消费；第二，推动能源供给革命，建立多元供应体系；第三，推动能源技术革命，带动产业升级；第四，推动能源体制革命，打通能源发展快车道；第五，全方位加强国际合作，实现开放条件下能源安全。"四个能源革命+加强国际合作"的重要论述，使中国能源战略的顶层设计发生了根本性的变化。

党的十九大报告指出："推进能源生产和消费革命，构建清洁低碳、安全高效的能源体系。推进资源全面节约和循环利用，实施国家节水行动，降低能耗、物耗，实现生产系统和生活系统循环链接。倡导简约适度、绿色低碳的生活方式，反对奢侈浪费和不合理消费，开展创建节约型机关、绿色家庭、绿色学校、绿色社区和绿色出行等行动。"

中国能源革命的内涵。中国的能源问题是和具体国情紧密联系的。能源方面，中国的国情存在以下几个特殊性，一是中国的资源禀赋和国外不一样，以煤炭为主；中国将由化石能源时代进入煤炭与油气并用的双态燃料时代。从工业化的发展规律来看，未来对油气方面的发展和消费需求会大幅度增加，将进入一个煤炭与油气并重的阶段。二是中国的经济发展正处在工业化和城镇化加速发展的阶段，能源消费从一次能源为主转向以电力为特征的二次能源为主，这也是被以美国为首的发达国家的发展路径所印证的，应该说电力占中国能源消费比重的变化，与第二次世界大战后的发达国家相比是发展较为快速的。三是国际上由于气候变化对再生能源、绿色发展提出了新的课题，绿色能源发展成为中国未来发展不可忽视的重要力量。

中国能源革命的主要目标是达到能源、经济以及生态之间的一种良好的平衡。

经济发展需要能源，能源消费增长又对生态环境造成影响，从而对经济发展形成约束，而目前发达国家的能源革命更多的是为了创造良好的生态环境，以控制能源消费并促使能源消费的转型。目前，中国的特点是经济发展需要能源，但是发展又受到强烈的生态环境约束，这是中国能源和生产消费所要解决的主要矛盾。要使经济发展和生态环境达到良好的均衡，能源革命的内涵界定是至关重要的，对中国能源革命的挑战也是非常巨大的。

1.1.3 中国能源革命的战略与实施路径

面对国内资源环境制约和全球气候变化形势，大力提高能源效率，改善能源结构，推进能源体系的革命性变革，既是我国建设生态文明、实现永续发展的内在需求，也是积极推进全球应对气候变化进程的战略选择。因此，中长期能源战略要有创新的思路和超前的部署，走出中国特色的绿色低碳发展之路。党的十八大报告提出推动能源生产和消费革命，2014 年 6 月，习近平总书记就推动能源生产和消费革命提出 5 点要求，并部署制定 2030 年能源生产和消费革命的战略。因此，推动能源生产和消费革命已成为我国促进经济发展方式转变、建设生态文明的根本途径和关键着力点，也是我国应对气候变化根本性的战略选择。

我国能源革命包括减量革命、增量革命和效率革命三大路径，核心是平衡经济发展、能源消费与生态环境三者的关系。减量革命是首要任务，它包括消费观念转变和节能两方面；增量革命需要进行传统能源改造、加快新能源发展，以及加大国际合作力度；效率革命即同样的能源产出更大效率，它可以通过能源政策体系、价格体系和市场化改革实现。

1.1.3.1 顺应世界能源变革潮流，明确能源革命的重大意义和战略取向

自第二次工业革命以来，日益增长的能源消费给地球资源和环境带来越来越大的威胁，也引发了气候变化带来的全球生态危机。以传统的化石能源为支柱的

能源体系和经济发展模式已难以为继，世界范围内已开始了能源体系的革命性变革。其一是大力节能，提高能源效率，减缓能源消费的增长；其二是大力发展新能源和可再生能源，改善能源结构，降低化石能源的比例。其目标是建立以新能源和可再生能源为主体的高效、清洁、低碳的新型能源体系，取代当前以化石能源为主体的高排放和高碳能源体系，从而实现经济社会与资源环境的协调和可持续发展。近年来，世界能源转型加速，2006—2015 年全球可再生能源使用占比年均增长 5.7%，远高于化石能源 1.5%的增速。2015 年，全球可再生能源发电量已占总发电量的 23%，当年全球新增可再生能源发电装机容量已超过常规能源新增装机容量。2015 年，全球可再生能源投资达 3 289 亿美元，远高于化石能源 1 300 亿美元的投资额。预计未来 15 年，全球风电装机容量将增加 3 倍，太阳能发电装机容量将增加 5 倍，可再生能源越来越成为新增能源供应的主力能源，呈加速发展的趋势。

　　全球应对气候变化的紧迫目标和形势，将倒逼更大力度的能源变革。推动能源体系革命性变革，已成为大国能源战略的重要取向。例如，欧盟提出到 2030 年能源总消费量减少 30%，可再生能源占比达 27%，电力的 50%来自可再生能源。德国提出到 2050 年能源消费量减少 50%，可再生能源在总耗能中占比达 60%，在发电量中占比达 80%。美国能源部计划光伏发电到 2030 年占总电量的 20%，2050 年前达 40%。世界大国在能源体系转型和能源替代变革中将发挥引领性作用。

　　全球能源变革趋势将促进世界范围内经济发展方式的低碳转型，并伴随激烈的国际经济、贸易和技术竞争。随着可再生能源技术进步和大规模应用，其成本呈快速下降趋势，陆上风电和太阳能光伏发电成本近 5 年已分别下降 20%和 60%，预计未来 10 年还将分别下降 25%和 60%左右。2020 年光伏发电成本下降到 6 美分/（kW·h），美国能源部预计 2030 年下降到 3 美分/（kW·h），成为最有经济竞争力的发电技术。当前先进能源技术已成为国际技术竞争的前沿和热点领域，成为世界大国战略必争的高新科技产业，新能源和可再生能源产业以及智慧能源互联网的快速发展将吸引巨额投资，带来新的经济增长点、新的市场和新的

就业机会。2015 年，全球可再生能源产业就业人数已超过 800 万人，且以年均 5%
以上的速度增长。低碳技术和低碳发展能力越来越成为一个国家核心竞争力的体
现。我国必须实施创新驱动战略，顺应全球能源变革趋势，加快能源革命的步伐，
打造先进能源技术的竞争力和低碳发展优势，在新一轮能源体系革命中占据先机，
才能在自身可持续发展的基础上，在全球能源变革和应对气候变化国际合作行动
中占据主动和引领地位。

改革开放以来，我国经济保持长期较快发展。但重视发展速度、轻视发展质
量的粗放式发展方式和"按需定供"的能源供应模式，导致了国内能源消费规模
急剧增长，能源开发强度急速扩大，能源资源紧张形势日益突出，传统能源发展
方式难以为继。我国经济发展对能源的依赖度较高。1978—1998 年，能源消费翻
一番，支撑了 GDP 翻两番；进入 21 世纪的前 10 年，能源消费翻一番，支撑 GDP
增长了 170%。按照这个增速，未来几年将会对资源环境和国家能源安全造成巨大
压力，而我国依靠高耗能支撑快速发展的路子也会走不下去。推动能源消费革命，
也就是减量革命，同时意味着敞开口子消费能源的时代将终结，控制能源消费总
量、抑制不合理能源消费、有效落实节能优先，必须成为共识。

我国当前经济社会发展面临日趋强化的资源环境制约，经济发展能源消费的
持续增长不仅使石油天然气进口依存度持续增加，能源安全面临新的挑战，而且
煤炭、石油等化石能源消费过程中所产生的 SO_2、NO_x、烟尘等常规污染物排放
已严重超出环境的承载能力和自净化能力，造成资源紧缺、环境污染、生态恶化
的严峻形势，这也是形成重污染天气的主要原因之一。当前要促进大气、水资源、
土壤等环境质量全面好转，除严格排放标准和加强治理措施外，更重要的是要控
制和减少化石能源消费量，从源头上减少污染物排放。因此推动能源生产和消费
革命，节约能源，改善能源结构，建立高效、安全、清洁、低碳的能源供应体系
和消费体系，既是国内节约资源、保护环境的内在需求，也是应对气候变化减排
CO_2 的关键对策，两者具有显著的协同效应，是实现国内可持续发展与保护地球
生态安全协调统一的战略选择。

1.1.3.2　以积极紧迫的能源革命目标为导向，推动绿色低碳的经济发展方式

党的十八大以来积极推进生态文明建设，提出绿色发展、循环发展、低碳发展新理念，以实现人与自然和谐共生，形成经济增长、社会进步和环境保护协调发展的新局面。推动能源生产和消费革命，则是最重要的领域和关键着力点，并将以积极紧迫的能源革命目标为导向，促进经济社会绿色低碳发展方式的转型。

推动能源消费革命的主要目标是节约能源，提高能源利用的技术效率和经济产出效益。从"十一五"到"十三五"的国民经济和社会发展规划中，都制定了单位 GDP 能耗强度下降的约束性目标，并将其分解到各个省（区、市），强化各级政府的目标责任制。在国家发展改革委国家能源局联合发布的《能源生产和消费革命战略（2016—2030）》（以下简称《战略》）中又进一步提出要控制能源消费总量，2020 年和 2030 年分别不超过 50 亿 t 标准煤和 60 亿 t 标准煤，实施"强度"和"总量"的双控机制，这将进一步严格控制能源消费总量的增长，促进经济结构的调整和产业升级。

建立清洁低碳的能源供应体系是能源生产革命的核心。首先要大力提高新能源和可再生能源的比例，促进能源体系的低碳化。2005—2015 年，我国非化石能源年均增长 10.3%，在总能源消费中占比从 7.4%提高到 12%，其中可再生能源增长量占世界总增长量的 40%，呈现快速发展趋势。《战略》中提出到 2020 年和 2030 年，非化石能源占比分别提高到 15%和 20%，到 2030 年，天然气比例也将提升到 15%左右，在能源需求总量仍在持续增长的同时，不断扩大清洁能源的比例，即意味着其必须保持远高于煤炭、石油等高碳能源的增速。从目前到 2030 年新建非化石能源发电装机容量将达近 10 亿 kW，相当于美国的全部装机总量。我国未来新能源和可再生能源的发展速度、投资规模、新增装机容量都是其他国家难以比拟的，这也将成为我国重要的新兴科技产业和新的经济增长点。我国未来新增能源需求将主要依靠增加清洁能源供应，而煤炭消费量则趋于饱和甚至开始下降，煤炭在总能源消费中的比例将持续下降。由于煤炭长期以来占总能耗比

例在 70%左右，2015 年已下降到 64.4%，到 2030 年将下降到 50%以下，但在今后相当长时期内仍将占据主体能源的地位，因此煤炭高效清洁利用仍是能源革命的一项重要任务。要努力提高煤炭利用效率，引领世界清洁煤技术发展方向和水平，不断降低供电煤耗，2020 年新建机组供电煤耗低于 300 g 标准煤/（kW·h），到 2030 年超低污染物排放煤电机组占全国 80%以上。控制和减少散煤利用，降低煤炭在终端能源利用中的比例。由于可再生能源的快速发展，一次能源消费中用于发电的比例将不断提高，电力在终端能源利用中的占比也将不断提高，加上天然气在终端利用中比例增加，煤炭在终端消费中的比例和数量均将持续下降，这将有效控制煤炭利用的污染物排放。积极研发和示范燃煤发电和煤化工过程中的 CO_2 捕获和封存（CCS）技术，探讨煤炭利用低碳排放的技术途径。以能源体系的革命保障环境质量全面改善和应对气候变化长期目标的实现。

《战略》重申我国在《巴黎协定》框架下提出的到 2030 年单位 GDP 的 CO_2 排放强度比 2005 年下降 60%～65%，2030 年前后 CO_2 排放达到峰值并努力实现早日达峰的目标，把应对气候变化的国际承诺目标纳入我国能源革命战略。我国在 2009 年哥本哈根世界气候大会曾经提出到 2020 年单位 GDP 的 CO_2 排放强度比 2005 年下降 40%～45%，到 2015 年已下降 38.3%，"十三五"期间再实现下降 18%的预期目标，到 2020 年比 2005 年下降约 50%，超额实现国际承诺目标。到 2030 年，实现下降 60%～65%的目标，需比实现 2020 年目标做出更大的努力，年下降率需达 4%以上，而预期全球 GDP 的 CO_2 排放强度下降速度只有约 2%，欧盟、美国、日本等发达国家或地区也都低于 4%，我国在提高单位能耗和单位 CO_2 排放的经济产出效益方面的努力，在世界范围内令人瞩目。

我国到 2030 年前后 CO_2 排放达到峰值，将是我国经济发展方式转变的重要转折点，这意味着经济持续增长而化石能源消费不再增长甚至下降，也意味着国内生态环境的根本性改善。实现 CO_2 排放达峰的必要条件是单位 GDP 的 CO_2 排放强度年下降率大于 GDP 年增长率，我国 CO_2 排放达峰时间将早于发达国家 CO_2 排放达峰时的发展阶段，届时 GDP 增速也将高于发达国家达峰时的增速，需保持比发达国家达峰时更高的单位 GDP 的 CO_2 排放强度的下降速度,届时新能源和可再生能源发展和能源替代仍需保持强劲势头。我国控制能源消费总量的增长,并制定非化石能源比例 2030 年达 20%、2050 年达 50%的目标,可为我国 CO_2 排放提供保障,并为 21 世纪下半叶实现净零排放、走气候适宜型低碳经济发展路径奠定基础。

1.1.3.3　强化推动能源革命的政策措施,推动新常态下经济转型与产业升级

我国经济新常态下转换发展动能,转变增长方式,调整经济结构,产业转型升级,企业提质增效,均将有利于推进经济发展方式低碳转型,有利于实现能源革命的战略目标。新常态下加强供给侧结构性改革,将着眼于破除体制机制障碍,提高质量和效益,优化资源配置,提高全要素生产率。供给侧结构性改革将使企业生产模式由资源和要素投入驱动的"加工型"向知识和技术创新驱动的"价值型"转变,从而促进产业升级,带动技术改造和革新,提高能源利用效率,降低产品能耗。新常态下 GDP 增速放缓,产业结构调整加速,钢铁、水泥等高耗能产品需求趋于饱和并开始下降,高耗能产业比例下降,高新科技产业和现代服务业比例上升,都将促进单位 GDP 能耗加速下降。未来能源需求增速将大力放缓,在清洁能源加速发展的情况下,有利于加快能源结构调整。2013—2016 年,能源总需求平均增长率已由 2005—2013 年的 6.0%下降到 1.5%,而非化石能源和天然气等清洁能源的年均增速则高达 9.7%,在能源总消费中占比 3 年内提高 4.2 个百分点,煤炭的消费量则下降 11%,在一次能源消费构成中占比下降 6 个百分点。2005—2013 年,煤炭的增长量占全部能源消费增长量的 59%,在满足新增能源需求中发挥了主体作用,而新常态下新增能源需求将主要依靠增加清洁能源供应来满足,未来 CO_2 排放将呈增长缓慢并逐渐趋于稳定的态势,为实现 CO_2 排放早日达峰创造了条件。当前经济新常态下新的发展理念和发展趋势,为加快推进能源革命和经济低碳转型提供了良好的发展环境。而当前积极落实推动能源革命的各项政策措施,加快能源革命的步伐,也是促进新常态下经济转型和产业升级的关

键着力点和重要抓手。

强化推动能源革命的政策措施，首先要加强技术创新，普及和推广先进高效节能技术和先进能源技术，将技术优势转化为产业优势和经济优势。未来高比例可再生能源网络发展过程中，要研发和推广智慧能源技术，推动能源网络与分布式能源技术、智能电网技术、储能技术的深度融合，并加强对氢能、核聚变等前沿技术的研发和示范，占领能源科技的制高点，打造国家级竞争优势，顺应并引领全球能源技术创新和发展的进程。

要进一步深化改革，发动能源体制革命，并将其作为生态文明制度建设的重要内容。切实转变各级领导政绩观的考核导向和考核标准，强化节能和减排 CO_2 的目标责任制；创新能源宏观调控机制，建立健全能源法制体系，改革和完善低碳发展的财税金融政策体系、能源产品价格形成机制和资源环境税费制度；加强能源市场机制改革，加快形成统一开放、竞争有序的能源市场体系；倡导低碳生活方式和消费方式，探索中国特色的低碳城镇化道路。

1.2 生态文明建设内涵

近年来，人类在享受工业文明所带来的物质繁荣的同时，也造成了日益严重的环境污染和生态破坏，对其生存形成了严峻挑战。国内外学者在此背景下，提出了绿色经济、循环经济、低碳经济等发展理念，并进行了一系列深入研究，生态文明概念应运而生。我国政府有关部门对生态问题的认识经历了由浅到深的过程，在党的十七大中首次提出建设生态文明的目标，将"生态文明建设"作为全面实现小康社会奋斗目标的五大要求之一。在此基础上，党的十八大将中国特色社会主义事业总体布局由经济建设、政治建设、文化建设、社会建设"四位一体"扩展为包括生态文明建设在内的"五位一体"，将生态文明建设提至前所未有的高度并予以重视。

1.2.1　生态文明的概述

所谓文明，是人类自我认识、自我改造、自我提升的实践过程中各种成果的总和，是人类不断进步的体现和人类劳动创造的一切积极成果。文明大致可以分为三大类：物质文明、精神文明和政治文明。物质文明起源最早，它是人类改造和利用自然界的物质成果，表现为人类物质生存条件的改善和发展、物质生产条件的提高和进步；精神文明是人类在改造客观物质世界的同时对主观精神世界改造的成果，表现为人类认识和思想水平的提高、道德观念的完善、思想观念的转变；政治文明是社会发展到一定阶段通过改造人类社会关系所获得的成果，表现为良好的社会制度，社会关系和谐、公正、民主的政治体制等。文明随着人类社会和生产力水平发展而不断进化。

生态文明具备文明的一般性规定，即生态文明是人类在实现自我价值的同时对自然和生态的进化和发展做出的积极的精神成果、物质成果和社会成果。目前，人类的生态文明处于建设初期，但其所取得的各种成果体现了文明的本质内涵：人类不断进步和改进自我行为的状态。随着生态环境的恶化，人类开始对自己的行为进行深刻的反思，重新审视人与自然的关系。在此基础上，人类重新制定了人与自然和谐与可持续发展的目标和规划，而为了实现目标所做的努力和取得的成果形成了生态文明的雏形。生态文明在建设过程中，极大地解放了人们的思想，形成了新的科学的精神文化成果，同时推动着物质文明和政治文明的发展和进步。

生态文明的具体成果之一是自然生态成果，即人类通过一系列行动使自然环境良好发展、保持生态平衡。这里所指的自然是和人类发生实际关系的自然，也就是人类活动中涉足和影响的自然。所以生态文明中的自然是作为人类社会所改造的对象出现的，与人类社会是一种密不可分的关系。人与自然的关系是内含于人类社会关系中的，人、自然和社会是一个系统的统一整体，互相影响，不可分割。生态文明就是人类与自然和谐可持续发展基础上进行文明活动的成果。而实现可持续发展的实践基础是要对现有的工业生产方式和人类的消费方式进行生态性改革，使之能与自然生态系统的供给和修复协调一致。生态文明是人类社会的历史选择，当人类面临危及自身安全和发展的生态危机时，就开始对人与自然的关系进行反思以及积极改革文明创建活动，当然，在改革的过程中必然涉及人与人（社会）之间的关系。生态文明以政治调控机制为制度保障，以人（社会）的生态思维转变为精神动力，通过人与人（社会）之间生态价值改造、工业产业变革等方式达到人与自然和谐发展的状态。

生态文明是继工业文明之后更高级的文明形态，这种文明形态不仅体现出人与自然及社会的和谐共生、协调发展，而且还体现出人类在生态伦理上更加尊重和维护自然。因而，生态文明的内涵应包括以下几个方面：第一，生态文明体现了人与自然和谐共生的文化价值观，摒弃极端的人类中心主义，强调人类与其他生物之间平等的权利。第二，生态文明体现了人类社会的可持续发展，以资源环境承受力为基础开发和改造自然，实现资源节约、环境友好。第三，生态文明体现了人类对传统文明形态特别是工业文明形态的深刻反思，是对既有文明形态的时代性扬弃，它贯穿于人类经济社会发展的各个方面，既包括生态建设本身，也包括生态意识、生态道德、生态法治及社会生态行为。

1.2.2 生态文明建设的内涵

生态文明建设是基于对生态文明内涵的深刻理解所提出的理论和实践目标。本书通过对已有文献进行梳理，发现对于生态文明建设的具体内涵，国内外理论界尚未达成共识，主要从以下几个层面进行诠释。

（1）从自然生态系统建设层面进行诠释

该论点认为生态文明的核心内容是人与自然和谐共生，因而生态文明建设的基本层次便是保护并建设人类共同赖以生存的大自然环境。党的十七大报告中明确提出建设生态文明，基本形成节约能源资源和保护生态环境的产业结构、增长方式和消费模式，主要污染排放物得到有效控制，生态环境质量明显改善。生态环境建设作为生态文明建设的主阵地和根本措施，相关研究主要集中在环境技术与生态工程等领域，围绕污染防治、区域环境综合治理以及生态环境调查、环境质量评价、生态环境区划和规划、资源环境承载力评价等方面展开。生态文明建设确立了新的发展模式——生态化发展，可以实现人类社会系统和自然生态系统的全面协调发展，使两者统一，共同走向可持续发展的道路。生态化发展不是对现有经济的限制发展，更不是停止发展，而是为了更好、更持久地发展。人与社会在追求经济发展的同时，还要追求生态公平和发展。站得越高，看得越远，生态文明建设不仅涉及现代，更着眼于未来。在保障当代人安居乐业的同时，为子孙后代留下了更好的生存空间和资源储备，实现长远全面的发展。生态文明建设确立了以人与自然协调发展为终极目标的双重价值取向。

（2）从生态经济系统建设层面进行诠释

该论点指出生态文明建设需要一种与之相适应的经济形态，即以与生态系统相融合的生态经济作为其物质保障。生态经济，是指在生态系统承载能力范围内，改变传统生产和消费方式，挖掘资源潜力，发展经济发达、生产高效的产业，创造健康舒适的环境。近年来，学术界提出低碳经济、循环经济、绿色经济等都是生态经济系统的重要方面。资源是有限的，要满足人类可持续发展的需要，就必须在全社会倡导节约资源的观念，努力形成有利于节约资源、减少污染的生产模式、产业结构和消费方式。我们应大力开发和推广节约、替代、循环利用资源和治理污染的先进适用技术，发展清洁能源和再生能源，建设科学合理的能源资源利用体系，提高能源资源利用效率。把建设资源节约型、环境友好型社会放在现代化发展战略的重要位置，并具体落实到单位、家庭和个人。实施清洁生产，清洁生产不仅指生产过程要节约原材料、能源并减少排放物，同时也要求最大限度地减少整个生产周期对人的健康和自然生态的损害。

（3）从生态文明制度建设层面进行诠释

该论点认为生态文明制度建设是生态文明得以实现的基本保障。生态文明制度指的是一种制度形态，包括生态制度、法律和规范。已有的对生态文明制度建设的研究主要集中在生态体制的创新和生态法治建设两个层面。例如，刘斐认为体制创新是推进我国生态文明建设迈向较高层次的关键，其核心内容包括三个方面：①经济体制创新，即强化税制改革、深化财政体制、完善要素配置等体制机制创新；②行政管理体制创新，以转变政府职能为核心，探索生态区域管理体制和考核机制的改革创新；③土地管理体制创新，通过制度创新，提升生态区土地开发价值，探索灵活的土地管理和调控体制机制。随着我国社会主义市场经济的发展和建设社会主义法治国家进程的加快，生态保护的法律法规在生态文明建设中发挥着越来越重要的作用。我们应调动人民群众自觉主动地进行生态环境保护和参与生态环境保护监督管理的积极性，明确生态环境保护的职责、权利和义务，学会运用生态环境保护法律法规来维护自身的生态环境权益，并敢于对污染和破坏生态环境的行为进行检举和控告。同时，要通过建立和实施生态环境违法违规责任追究制度，激发和强化各级领导干部、环保执法人员、环保产业单位及其从业人员和广大人民群众的生态文明建设责任意识。

生态文明建设是一项系统工程，涉及自然、经济、政治等诸多方面的内容，包括自然生态系统建设、生态经济系统建设和生态文明制度建设。同时，生态文明建设还应加强生态文明价值观建设。生态文明价值观是生态文明建设的价值基础和文化基础，也是生态文明制度建设的基本原则。实现工业文明向生态文明的跃迁，必然要求人们价值观念的转变，以人与自然和谐发展为目标。

因此，生态文明建设应包括以下几个层面：第一，加强自然生态系统建设，突出环境治理和生态保护，提高生态系统自我修复能力，促进生态系统良性循环，建设人类生活的美丽家园。第二，大力发展生态经济，以低碳经济、循环经济、绿色经济等为重要切入点，提高资源能源利用率，减少污染物排放，催生新型高效产业。第三，加快生态文明制度建设，通过生态体制的创新和生态法治的不断完善为生态文明建设提供坚实的保障。第四，推进生态价值观建设，加强生态教育及生态科普知识的传播，推动人们形成资源节约、环境保护的意识。建设生态文明，构建人与自然和谐共生的社会是中国社会主义现代化发展的要求，也是人民群众可持续生存和发展的客观要求，这是一场深刻而彻底的生态革命，实现了人民生活方式和生产方式的全面"绿化"，推进了社会主义经济运作和发展的生态化转型，构建生态市场经济体制。生态文明建设树立和强化了社会主义生态观、绿色价值观和科学发展观，保证中国社会主义可持续发展朝着人性化、生态化的方向不断前进。

生态文明是人类社会文明的最高境界，其目标是要达到人与人之间、人与社会之间、人与自然之间的和谐共生、共同繁荣。但人类文明要达到这一境界还需要一个漫长的过程。因为人类发展到今天仍存在着竞争和发展的问题，而能源是竞争和发展的物质基础，一方面需求巨大，另一方面资源短缺。面对这一重大难题，世界各国纷纷把眼光集中到可再生绿色能源上。美国、法国、日本、英国自 20 世纪 90 年代起就制订了发展绿色能源的国家战略。我国关于绿色能源的发展也正在起步阶段。可以预言：21 世纪将是可再生能源"大展作为"的世纪。在这种大背景下，我国制订的生态文明发展战略应与绿色能源发展战略同步推进。生态文明战略统领绿色能源战略，而绿色能源战略的实施对于生态文明战略的实现具有重大的促进作用。发展和利用绿色能源是生态文明建设的切入点之一，绿色能源的开发和综合利用对于改善和保护生态环境、优化经济结构、转变生产生活方式有着至关重要的作用。

1.3　本章小结

本章首先简述了世界能源革命的产生及能源的发展趋势，并阐述了能源革命具有系统性、可持续性、低碳化、信息化等特点。在此基础上，对中国能源革命的内涵进行阐述，同时对中国能源革命的战略与实施路径进行解析，我国能源革命包括减量革命、增量革命和效率革命三大路径，核心是平衡经济发展、能源消费与生态环境三者的关系。其次对生态文明建设的内涵分别从自然生态系统建设层面、生态经济系统建设层面及生态文明制度建设层面进行诠释。能源革命是我国建设生态文明的战略选择，也是我国能源转型的重要着力点。提出建设生态文明，既是着眼于从根本上解决我国面临的资源、环境、生态等问题，更是把推动能源消费革命作为生态文明建设的重要杠杆和抓手。

第 2 章
绿色能源的兴起及发展趋势

2.1 绿色能源兴起背景

能源是全球经济快速发展最基本的要素之一，是产业发展和国民经济发展的重要物质基础。近年来，随着全球性的能源短缺、国际油价不断创出新高、燃煤火电对环境的污染和气候变暖等问题的日益突出，积极推进能源革命，大力发展可再生能源，加快绿色能源推广应用，已成为各国各地区培育新的经济增长点的重大战略选择。与常规能源相比，绿色能源有无污染、清洁、可再生、实用性强等特点。

2.1.1 环境因素

18 世纪中叶，英国开始工业革命之后，人类在 200 年间依赖化石能源飞快发展。但是由于未优先考虑环境，无差别地进行工业发展导致了环境污染。每年排放到大气中的 CO_2，60%以上都是由能源产生的，尤其是过去 50 年间地球大气中的 CO_2 量从 280 ppm[①]上升到 380 ppm。急剧增加的温室气体造成了全球气候变暖，1981—1990 年全球平均气温比 100 年前上升了 0.48℃，预计海平面到 2030 年会升高 20～140 cm。全球变暖会使全球降水量重新分配、冰川和冻土消融、海平面上升等，不仅打破自然生态系统的平衡，还威胁人类的生存。环境变化带来的严

---

① ppm=10^{-6}。

重后果是全世界所必须面对的问题，以"先污染、后治理"为主的经济发展模式
越来越受到质疑，转变经济增长模式、转换经济发展道路摆在全世界人民面前。
此外，由于陆地温室气体排放造成大陆气温升高（图 2-1），与海洋温差变小，进
而造成了空气流动减慢，重污染天气的污染物无法短时间被吹散，造成很多城市
重污染天气增多，影响人类健康。每年排放到大气中的 CO_2，60%以上都是由能
源产生的。随之而来的是环境遭到破坏，生态系统平衡一次次被打破，化石能源
在无限制开采中得不到很好的利用，以煤炭、石油等为代表的传统化石能源在国
民生产过程中遭到巨大浪费，同时周围环境遭到破坏，其在燃烧中向大气排放的
SO_2、CO_2 和大量烟尘等污染气体，造成了严重的大气污染、重污染天气以及气候
变化。所以，迫切要求大力开发利用清洁能源，调整经济增长结构，转换经济发
展模式，要求在稳定经济增长的同时要实现低碳、科学、可持续发展，进而实现
向生态文明迈进。

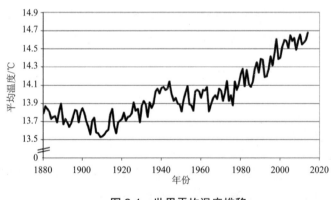

图 2-1　世界平均温度推移

为了应对世界性的环境问题，1992 年联合国专门制订了《联合国气候变化框
架公约》，同年该公约在巴西里约热内卢签署生效。依据该公约，发达国家同意
在 2000 年之前将他们释放到大气层的 CO_2 及其他温室气体的排放量降至 1990 年
时的水平。人类已经意识到大量化石燃料的消耗和使用，是造成环境污染的主要
因素，因此，发展绿色清洁能源已成为人类发展的必然选择。

我国能源行业发展不平衡、不协调问题突出。尽管近年来我国全面推进节约资源,能源资源消耗强度也大幅下降,但能源消费总量仍旧保持了持续增长。2016年,我国一次能源消费量 30.53 亿 t 标准油,同比增长 5.6%,占全球能源消费比重高达 23.0%。能源结构方面,我国能源消费总量过大,能源结构问题突出。能源生产方面,突出表现为煤炭产能过剩、系统调节能力与可再生能源发展不相适应。这迫切要求我国改变高投入、高消耗、高污染的经济发展模式,继续推动我国产业结构调整,推动节能降耗工作,发展绿色能源,促进我国生态文明建设。在能源发展新时代,我国能源行业应贯彻党的十九大报告精神,以《能源发展"十三五"规划》为指引,构建清洁低碳、安全高效的现代能源体系。优化能源结构,实现清洁低碳发展,是推动我国能源革命的本质要求,是我国经济社会转型发展的迫切需要。根据《能源发展"十三五"规划》,到 2020 年我国非化石能源消费比重提高到 15%以上,天然气消费比重力争达到 10%,煤炭消费比重降低到 58%以下。

要实现上述目标,我们就要改变以煤炭为主的能源消费结构。2016 年年初,国务院印发《关于煤炭行业化解过剩产能实现脱困发展的意见》,2016 年全国原煤产量为 33.6 亿 t,同比下降 9.4%,降幅创三年新高。根据国家统计局及海关数据网,2016 年全国原煤表观消费量为 36.1 亿 t,同比下降 7.7%,创三年来表观消费新低,与 2013 年煤炭消费峰值(42.9 亿 t)相比,降幅达 16.0%。与此同时,我们要继续推进非化石能源规模化发展,做好规模、布局、通道和市场的衔接,规划建设一批水电、核电重大项目,稳步发展风电、太阳能等可再生能源。同时,进一步落实扩大清洁能源,尤其是天然气利用的规模、提高天然气消费比重。天然气作为优质、高效、清洁的低碳能源,可与核能及可再生能源等低排放能源形成良性互补,是我国能源供应清洁化、低碳化转型的现实选择。

2.1.2 经济因素

20 世纪 70 年代以来,全球经历了五次石油价格大幅上涨,对全球经济形成明显的冲击，并在一定程度上导致全球经济衰退。1973 年 10 月，因石油输出国组织中的阿拉伯成员国为打击以色列及其支持者于当年 12 月宣布收回石油标价权，油价猛然上涨了 2 倍多，从而爆发了第一次石油危机；随后，1978—1979 年伊朗革命以及 1980—1981 年两伊战争使石油日产量锐减，油价飙升引发了第二次石油危机。这两次世界性石油危机的结果是全球陷入严重的经济危机，人类社会正式告别廉价、稳定的石油供给时代，随之而来的是石油供给的动荡和石油价格的大幅波动。

世界原油能源具有稀缺性，不可能满足世界各国无限度地使用来维持各国经济的持续发展，中国作为经济大国在石油、天然气能源上的对外依存度较高，石油危机对我国经济的冲击更为严重。而煤炭的大量消费带来了环境污染，降低了我国经济增长的质量。因此面对能源危机我们需要减少化石能源的消费，增加低碳、清洁的绿色能源消费，调整并优化能源结构。从长远来看，我国的能源形势相当严峻，同时环境保护与能源发展的矛盾也越来越大。从可持续发展的战略角度来看，绿色能源的开发利用势在必行，发展绿色能源可以弥补长时期以来化石能源消费对环境造成的损害。我国已成为世界经济大国，随着经济的进一步发展，新型城镇化和工业化的不断推进，我国对于能源的需求必然会增加，因此，必须大力开发可再生能源。

人类经济的发展对碳资源的高度依赖，导致全球温室气体排放量逐年上升。1990—2005 年，全球 CO_2 气体排放量增大，增幅为 26.1%。全球排名前十位的 CO_2 排放国（经济体），既包含美国、欧盟、日本、加拿大等发达国家或地区，也包括中国、俄罗斯、印度、巴西、墨西哥、印度尼西亚等新兴发展中国家。值得注意的是，尽管上述十国的总排放量占全球温室气体排放量的 70% 以上，但其温室气体排放增幅却比其他国家增幅低。IEA 研究表明，由于世界经济增长对矿物能源依赖较大，随着全球人口的增长和发展中国家经济快速发展，世界温室气体的排放量将持续增长，到 21 世纪末全球温室气体排放量将增长 1 倍以上，从而使全球平均气温上升 6℃，海平面将上升 0.26～0.59 m。英国经济学家分析认为，全球平均气温每上升 5～6℃，将导致全球经济损失 5～6 个百分点，低收入国家损失更高达 10 个百分点甚至以上，这将导致全球性的生态危机，严重影响全球水资源安全、生态多样性、农产品生产和沿海城市安全。

开发绿色能源，减少世界经济对碳资源的高依赖度不仅是应对全球气候变暖的重要举措，更对维护全球能源安全有着重要的意义。如今，不可再生的化石能源仍占全球能源消费的主导地位。在此影响下，全球经济对包括石油在内的化石能源的价格走势十分敏感。IEA 调查报告指出，随着全球经济发展对石油等矿物资源需求的大量增加，尤其是交通部门对石油的巨大需求，全球石油供不应求，石油的供给对全球经济发展影响日趋变大，而世界主要油田的产油量减少使维护石油能源安全成为世界各国的重要战略方针。尽管目前全球石油储油量可以满足未来十年的使用，但减少经济发展对碳资源的依赖，开发新能源已经成为维护各国能源安全的重要举措。

2.2　绿色能源发展现状及趋势

绿色能源也称清洁能源，是指不排放污染物、能够直接用于生产生活的能源。绿色能源可分为狭义和广义两种概念。狭义的绿色能源仅指可再生能源，如水能、生物质能、太阳能、风能、地热能和海洋能等，这些能源消耗之后可以恢复补充，很少产生污染。广义的绿色能源则包括在能源的生产及消费过程中，选用的对生态环境低污染或无污染的能源，除上述可再生能源外，还包括非再生能源，如核能、天然气、清洁煤等。本书所指的绿色能源为广义上的绿色能源，包含非再生能源（对生态环境低污染或无污染），包括太阳能、风能、生物质能、核能、地热能、海洋能、废弃物能、氢能等。图 2-2 为 2018 年世界能源结构占比图。

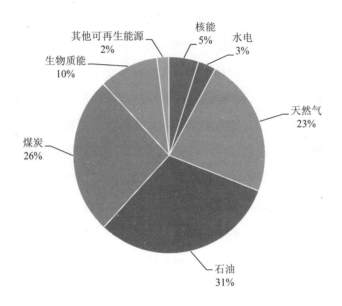

图 2-2　2018 年世界能源结构

2.2.1　全球绿色能源发展现状

　　20 世纪 70 年代以来发生的三次石油危机给全球经济带来了沉重打击，能源供给的不稳定性及石油价格的波动性使得全球经济出现了严重衰退趋势。发达国家在发展过程中也出现了能源消费带来的一系列环境问题，如伦敦烟雾事件和洛杉矶的光化学烟雾事件，使人们不得不重新审视能源问题，能源的安全问题不仅仅是供需问题，还包括环境问题。这一时期，绿色能源开始逐渐进入人们的视野，各种形式的绿色能源都是直接或者间接地由太阳或地球内部所产生的热能，主要包括太阳能、风能、生物质能、地热能、核能、水能和海洋能以及由可再生能源衍生出来的生物燃料和氢所产生的能量。相对于传统能源，新能源普遍具有污染少、储量大的特点。各国政府看到了绿色能源的巨大潜力，进而开始大规模地开发利用新能源。石油危机之后，世界各国政府都根据本国实际情况，颁布实施了不少鼓励和支持新能源发展的法规、政策，并制定了适合本国国情的新能源发展中长期目标、战略以及相关实施措施。

　　绿色能源除满足能源需求外，还可以减少温室气体排放、改善环境、降低对石油的依赖和创造多元化的能源供给。不同种类的新能源在资源分布、技术难度、使用成本等多方面存在相当大的差异，因而新能源的开发利用程度各不相同。在绿色能源类别中，核能、太阳能、风能、生物质能和地热能发展势头良好，已经进入或接近商业化生产阶段，尤其是太阳能、核电以及生物燃料的利用，已经形成较大的商业规模，成本也降至可接受水平。各国新能源发电比例已经逐渐上升，全球新能源主要应用于电力领域，其低碳环保的特点是替代同领域传统化石能源的最佳选择。各国政府对新能源的研发与投资力度正不断加大，政府政策、财政补贴、节能减排和可持续发展成为新能源发展的有力保障。以风电为例，风力发电年增长率 22.2%，欧洲的一些国家在应用风能方面走在前面，丹麦目前 10% 的电力来自风能，西班牙的纳瓦拉省达到 22%，荷兰的风车制造已成为国民经济的重要支柱。从各国风力发电的发展水平来看，德国风力发电的增长速度居世界首位，其次为西班牙、丹麦和美国。全球风能理事会（GWEC）发布的《全球风电报告 2017》显示（表 2-1），2017 年全球风电新增装机容量依然保持在 50 GW 以

表 2-1　全球风电装机容量

截至 2017 年年底累计风电装机容量前十位国家			
序号	国家	累计装机容量/MW	累计市场份额/%
1	中国	188 392	35
2	美国	89 077	17
3	德国	56 132	10
4	印度	32 848	6
5	西班牙	23 170	4
6	英国	18 872	4
7	法国	13 759	3
8	巴西	12 763	2
9	加拿大	12 239	2
10	意大利	9 479	2
	其他	82 391	15
	合计	539 122	100

上，中国、美国、德国装机容量位居世界前三。风电技术还在不断优化，推动陆上风电的很多领域实现商业化。我国自 2009 年以来一直是全球最大的风电市场，2017 年依旧保持领先地位。亚洲地区的风电装机量再次领跑全球市场，欧洲位居第二，北美位居第三。在地热能资源丰富的国家，如新西兰、冰岛、菲律宾和肯尼亚等国，地热能占能源消费的比例超过 15%。尽管全球绿色能源发展迅猛，发展前景广阔，但要取代传统能源的主导地位，还需要经历一个漫长的过程。

与常规化石能源相比，新能源最大的优势是地域分布比较均衡且资源量巨大，其资源量相比人类需求来说，可谓资源无限。闫强对全球新能源总量进行了一次估算，对部分新能源品种的理论资源量和可开发资源量进行估算（表 2-2）。据估算，每年辐射到地球上的太阳能为 17.8 亿 kW，其中可开发利用 500 亿~1 000 亿 kW·h。但因其分布较为分散，目前可利用的能量甚微。地热能资源指陆地以下 5 km 深度内的岩石和水体的总含热量。其中，全球陆地部分 3 km 深度内，150℃以上的高温地热能资源为 140 万 t 标准煤，目前一些国家已着手商业开发利用。世界风能的潜力约 3 500 亿 kW，因风力断续分散，难以经济地利用，未来输能、储能技术如有重大改进，风力利用将会增加。海洋能包括潮汐能、波浪能、海水温差能等，理论储量十分可观。

表 2-2　全球新能源理论资源量与可开发资源量

种类	理论资源量/亿 t 标准油	可开发资源量/亿 t 标准油
太阳能	130 万/a	>1.3 万/a
风能	1 400/a	70/a
生物质能	600/a	100/a
地热能	3 400 万（5 km 以内）	1 200（未来 40~50 a 经济可采）
海洋能	130/a	11/a
天然气水化合物	20 万	—
核能	1 400（U-235）	—

目前，限于技术水平，全球绿色能源发展尚处于小规模研究阶段。在众多的可再生能源中，地热能具有资源分布广、储量大、清洁环保、稳定可靠等优势，比其他可再生能源具有更大的利用潜力。地热能在地下的贮存形式有水热型、蒸汽型、干热岩型、地压型、熔岩型等多种形式。现在，人们除用热水型地热能来发电、洗浴、取暖和灌溉外，为了更充分地利用干热岩型地热能，还广泛地开凿人造热泉。美国于 20 世纪 70 年代建成世界上第一眼人造热泉，每小时可回收 $149 \sim 156 \, ^{\circ}\mathrm{C}$ 的热水 20 t，同时还建造了发电能力为 50 MW 的人造热泉热电厂。相对于其他可再生能源，地热能的最大优势体现在它的稳定性和连续性。联合国发布的《世界能源评估》报告在 2004 年和 2007 年给出的可再生能源发电的对比数字显示，地热发电的利用系数为 72%～76%，明显高于太阳能（14%）、风能（21%）和生物质能（52%）等可再生能源。地热能用来发电时全年可供应 6 000 h 以上，有些地热电站甚至高达 8 000 h，同样地热能用来提供冷、热负荷时也非常稳定。

尽管地热能具有巨大潜力和显著的优势，但是，由于技术发展水平及政策等因素的制约，目前它在能源结构中发挥的作用仍然较小，不过，未来地热能可望发挥很大作用。

2.2.2　我国绿色能源发展现状

要构建绿色低碳、安全高效的能源循环体系，这符合我国新时代的发展诉求，能有效推动我国能源体制改革，加快生态文明建设。随着人民生活水平的提高，我国面对日益严峻的能源和环境问题，开发利用清洁可再生能源成为我国经济发展和社会进步的重要保障。现阶段，我国能源消费以煤和石油为主，造成了严重的环境污染。随着社会的进步、经济的发展，国家越来越提倡绿色生产和发展，绿色能源逐渐受到国家和整个社会的重视。新能源资源潜力大，环境污染低，可持续利用，是有利于人与自然和谐发展的重要能源。近年来，面对传统能源日益供需失衡、全球气候日益变暖的严峻局势，世界各国纷纷加大对新能源和能源新技术开发与利用的力度。我国具有丰富的新能源和可再生能源资源，在这一领域有很大发展空间。

2.2.2.1 太阳能行业发展状况

太阳能作为清洁可再生能源，在我国的大部分地区已经得到了广泛的使用，主要应用于太阳能电池，它通过光电转换把太阳光中包含的能量转化为电能；太阳能热水器，利用太阳光的热量加热水，并利用热水发电等。太阳能电池的使用远远没有太阳能热水器的使用范围广泛。目前，在我国的山东等地，太阳能产业正在快速发展，许多关于太阳能的使用技术日益成熟。

我国的太阳能光热发电行业正在起步，2009 年科学技术部成立"太阳能光热产业技术创新战略联盟"，开始发动一轮"光热攻坚战"。目前，我国已完成建设的光热发电项目只有少数几个，且装机容量均在 1 MW 以下。但我国在建和拟建项目较多，这意味着我国光热发电产业将呈现突破式增长。据统计，2015 年我国的太阳能光热发电装机容量已达 3 GW 左右，市场总量达 450 亿元。

2.2.2.2 风能行业发展状况

风能的来源主要是空气的流动，空气的流动速度越大，所形成的动能就越大，我国幅员辽阔，海岸线长，风能资源较丰富。我国利用风能的主要方式是用风车把风的动能转化到发电机中，从而形成电能，风力发电的能量非常丰富，而且风无处不在，并且清洁。《中国风电产业发展报告（2018—2019）》指出，如果我国充分开发风能，2020 年会实现 4 000 万 kW 的风电装机容量，风电将超过核电成为中国第三大主力发电来源。目前，在我国甘肃等风能资源丰富的地区，有较大规模的风能发电计划在逐步实施和应用。

风电是资源潜力大、技术基本成熟的可再生能源。近年来，全球资源环境约束加剧，气候变化日趋明显，风电越来越受到世界各国的高度重视，并在各国的共同努力下得到快速发展。我国可开发利用的风能资源十分丰富，在国家政策措施的推动下，经过 10 年的发展，我国的风电产业从粗放式的数量扩张，向提高质量、降低成本的方向转变，风电产业进入稳定持续增长的新阶段。近几年国内海上风电发展迅速，2016 年中国海上风电新增装机 154 台，容量达到 590 MW，累计装机容量 1 630 MW。2020 年，海上风电开工建设 10 GW，确保建成 5 GW。以此测算，2016—2020 年复合增速为 43.73%，发展迅速，市场增量空间巨大。

2.2.2.3　生物质能行业发展状况

生物质能是指由生命物质排泄和代谢出的有机物质汇聚后蕴含的能量。目前，我国的生物质能储量十分丰富，但 70% 的储量在广大的农村地区，其应用也主要是在农村地区。我国已经在相当多的地区推广和示范农村沼气技术，沼气技术实施起来非常简单，而且这种技术已经非常成熟，方便广大居民使用。目前，我国在利用生物质能开发生物柴油方面也得到了快速发展，福建、四川等地已经建成很多小规模生物柴油的生产基地，但是目前并未形成产业化发展。

生物质能发电技术也得到大力发展。2011 年，我国并网新能源发电装机容量达到 5 159 万 kW，占总装机容量的 4.89%，其中并网生物质能发电装机容量 436.39 万 kW，约占 8.46%。2012 年发布的《"十二五"国家战略性新兴产业发展规划》提出，"十二五"期间，我国生物质能发电装机容量规模确定在 1 300 万 kW。据前瞻产业研究院推算，1 300 万 kW 发电装机容量意味着"十二五"末要增加 500～700 个生物质能发电厂。

2.2.2.4　海洋能行业发展状况

潮汐能是一种海洋能，它的产生是因为太阳、月球对地球的引力以及地球的自转导致海水潮涨和潮落形成的水的势能。我国海岸线绵长，潮汐能十分丰富，主要集中在我国的沿海地区，如浙江省、福建省、广东省和辽宁省等。我国潮汐能发电始于 20 世纪 50 年代后期，迄今建成潮汐电站 8 座，总装机容量为 6 960 kW，年发电量超过 1 000 万 kW·h。其中，最大的是位于浙江省的国电温岭江厦潮汐试验电站，装机容量为 3 200 kW；截至 2013 年年底，国电温岭江厦潮汐试验电站完成发电量 742 万 kW·h，同比多发电 7.5 万 kW·h，发电量连续三年创历史新高。经过多年的试点研究，目前我国潮汐发电行业在技术上日趋成熟，潮汐发电量增长迅速，仅次于法国、加拿大，居世界第三位。

2.2.2.5　氢能行业发展状况分析

氢能已被列入《国家中长期科学和技术发展规划纲要（2006—2020 年）》，一些科研机构和企业也对氢能表现出了极大的热情。目前，我国已在制氢技术、储氢材料等方面取得了巨大的进步，拥有一批氢能领域的知识产权，其中有些研究成果已达到国际先进水平。我国在氢能的利用上也取得了较大的进展，目前其已应用于氢燃料电池、氢能源汽车、氢能发电站等。

总的来说，清洁能源开发难度大。我国地大物博，广袤土地上蕴藏的清洁能源较为丰富，但是由于多种原因，新型清洁能源的开发利用还有一些制约因素。首先，地理条件和环境是一种限制因素，例如，我国很多地区未开发的水能一般集中在西南部的高山和深谷中，风能主要集中在西北风力较大的地区，能源开发环境恶劣，工程建设难度较大。其次，清洁能源的勘探技术水平较低，成本较高，开发难度较大，与其他能源相比，竞争力较弱，清洁能源实现产业化存在困难。能源的利用最好是形成产业链，改变传统能源结构，实现多元化的能源利用。但现阶段，我国清洁能源产业化与发达国家相比起步较晚，缺乏相关经验，差距较大。

对于清洁能源未来的发展趋势，首先，可再生能源在能源消费中的比重显著提高。2015 年，全部可再生能源的年利用量达到 4.78 亿 t 标准煤，其中商品化可再生能源年利用量 4 亿 t 标准煤，在能源消费中的比重达到 9.5% 以上。可再生能源供热和燃料利用显著替代化石能源。不断扩大太阳能热利用规模，推进中低温地热能直接利用和热泵技术应用，推广生物质成型燃料和生物质热电联产，加快沼气等各类生物质燃气发展。2015 年，可再生能源供热和民用燃料总计年替代化石能源约 1 亿 t 标准煤。其次，可再生能源发电在电力体系中上升为重要电源。

"十二五"时期,可再生能源新增发电装机容量 1.6 亿 kW,其中常规水电 6 100 万 kW,风电 7 000 万 kW,太阳能发电 2 000 万 kW,生物质能发电 750 万 kW,2015 年可再生能源年发电量达到总发电量的 20% 以上。另外,分布式可再生能源应用形成较大规模。建立适应太阳能等分布式发电的电网技术支撑体系和管理体制,建设 30 个新能源微电网示范工程,综合太阳能等各种分布式发电、可再生能源供热和燃料利用等多元化可再生能源技术,建设 100 座新能源示范城市和 200 个绿色能源示范县。发挥分布式能源的优势,解决电网不能覆盖区域的无电人口用电问题。力争沼气、太阳能、生物质能等可再生能源在农村的入户率达到 50% 以上。

2.2.3 绿色能源发展趋势

进入 21 世纪以来,伴随着世界经济增长及国际社会对能源安全、生态环境、气候变化等可持续发展问题的日益重视,加快开发可再生能源利用及提高能源效率已然成为世界各国的普遍共识。目前,全球能源发展进入新阶段,以高效、清洁、多元化为主要特征的能源转型进程加快推进,能源投资重心向绿色清洁化方向转移。

首先,能源结构由化石能源逐步向绿色能源转变,全球绿色能源将持续增长。20 世纪 70 年代以来,伴随核能、风能、太阳能等的大规模利用,世界能源结构进一步向低碳无碳演变。1974—2014 年,在世界终端能源消费中非化石能源比重增加 7%,天然气比重增加量超过 5%,石油比重减少量近 15%,煤炭比重上升量为 2.9%。未来,新能源和可再生能源的比重会进一步增大。电力将成为终端能源消费的主体。发达国家的发展历程表明,人均用电量随经济发展水平的提高而提高。目前,多数发达国家终端用能电气化水平普遍在 20% 以上。在众多可再生的清洁能源中,水资源的应用前景最为广阔,全球水资源储量大但利用严重不足,尤其在发展中国家,其在一次能源结构中占比为 10%,但仍不足以满足目前全球对能源的需求。除了水资源之外的清洁能源,还包括风能、太阳能、生物质能、海洋能、地热能等。未来，随着能源新技术革命的深入推进，特别是电动汽车、电热技术、储能技术的不断突破，世界终端用能电气化程度将进一步提高。我国近几年在大力发展绿色能源方面取得了显著成果，尤其行业用电，从单一依靠煤炭的火力发电转向以水电为主、多种清洁能源发电相结合的方式，主要集中在太阳能发电和风力发电，并对水力发电产生实质性的补充作用。根据 EIA 预计，到 2022 年，全球可再生能源发电占全球电力市场比重将达 30%，发电装机容量增加总量可达 920 GW，这对于我国实现可持续发展以及向生态文明迈进发展具有重大的意义。2020 年，清洁能源消费占一次能源的比重提高到 15% 以上，我国单位 GDP 的 CO_2 排放量较 2005 年降低 40%～45%。经过科技发展创新，我国在全世界清洁能源的投资稳居第一位。未来全世界将会以水电为主、多种清洁能源为辅的方式进行发电。由此可以预见，未来大量的清洁能源将运用到国民经济各个行业中，我国的环境也会得到重大改善和恢复，经济增长模式将向低碳、低耗方式转变和发展。

其次，能源供需格局逆向调整。世界能源消费重心逐步向亚洲地区和太平洋沿岸地区转移。据《BP 世界能源统计年鉴》（2015 年版）数据统计，2014 年亚洲地区和太平洋沿岸地区能源消费达 $53.3×10^8$ t 标准油，占世界能源消费总量的 41.3%，较 1974 年提高 25.5%，较 1994 年提高 15.8%。目前，发达国家近 10 亿人基本完成了工业化；未来 20 年，中国、印度等新兴经济体的 30 亿人口将陆续实现现代化。世界能源消费重心明显东移，世界能源消费格局已经从由发达国家主导转变为发达国家与发展中国家共同主导。国际油气供应重心显著西移，中东和俄罗斯是世界油气的主要供应地区，过去 30 多年间，这两个地区石油产量长期保持在世界石油产量的 40%～45%。目前，世界常规油气产量正逐步达到峰值，非常规油气受到重视。受非常规油气加速发展的影响，世界油气供应格局逐步演变为中东、俄罗斯和美洲地区共同主导的"三极"格局，供应中心将显著西移。经测算，全球重油、油砂、页岩油可采资源量近 $6×10^{11}$ t，相当于常规石油可采资源量，约 70% 分布于美洲地区。目前，美洲非常规油气开发已经走在世界前列，

2013 年美国页岩气产量超过 $3×10^{11}$ m³, 占天然气总产量的 43.6%; 加拿大油砂年产量达到 $7.5×10^7$ t, 占其石油总产量的一半; 委内瑞拉重油产量达 $3×10^7$ t, 占其资源总产量的 20% 左右; 巴西深海油田开发也取得重大突破, 这些都加速推进了世界油气供应重心的西移。

最后, 绿色能源技术成本将大幅降低, 从而提高绿色能源在全球能源系统中的比重。技术进步是推进能源持续发展的重要动力, 近年来, 新能源、页岩油和页岩气开发、分布式能源、储能系统、碳循环系统等重大能源技术被逐步突破, 新一轮能源技术革命正在孕育。受全球气候变化、能源安全供应和国际经济增长乏力等多重因素影响, 美国、日本、欧盟等主要发达国家和经济体纷纷制订能源科技创新规划, 希望在新一轮全球能源技术革命中掌握主动权。受此影响, 可再生能源已经成为部分发达国家新增能源的主体, 2005—2014 年, 英国、法国、德国等国家能源消费增量全部来自可再生能源。以页岩油和页岩气为代表的非常规油气技术正在发生变革。目前, 除甲烷水合物外的大部分非常规油气都实现了商业化开发利用, 包括美国的页岩气开采、加拿大和委内瑞拉的油砂开采、澳大利亚和阿根廷的低渗透油开采等。据 IEA 发布的《世界能源展望 2013》数据, 预测到 2035 年, 非常规天然气在世界天然气供应中的比重将由 2010 年的 14% 增长到 26%, 非常规石油和生物液体燃料将占新增石油供应量的 3/4。

随着绿色能源技术水平的提高, 尤其是风能及太阳能利用技术和发电效率的提高, 预计到 2060 年绿色能源发电成本将下降 70%, 届时大型储能技术将被广泛应用, 进而可以应对波动性的分布式能源发展。相对其他清洁能源而言, 我国地热资源丰富, 目前已发现的温泉有 3 000 多处。我国地热能的应用前景十分广阔, 主要指的是有效利用地下蒸汽和地热水, 用途是发电、供暖等。受资源分布情况的限制, 地热发电站主要集中在我国的西藏地区。地热发电是地热能利用的最重要和最有发展前途的方式。与其他电站相比, 地热发电站具有投资少、发电成本低和发电设备使用寿命长等优点, 因而发展较快。综合来说, 我国目前对于地热能的开发利用率是多种清洁能源里面最低的, 因此具有巨大的开发潜力。

2.3　地热能在绿色能源发展中的重要性

地热能已成为继煤炭、石油之后重要的替代型能源之一，也是太阳能、风能、生物质能等新能源家族中的重要成员，是一种无污染或极少污染的清洁绿色能源。地热能的开发利用不仅可以为生产生活带来巨大的便利，同时也可带动地热资源勘查、地热井施工、地面开发利用工程设计施工、地热装备生产、水处理、环境工程及餐饮、旅游度假等产业的发展。

2.3.1　缓解能源危机

随着国民经济发展和人民生活水平的提高，世界各国对能源的需求也越来越多。煤炭、石油、天然气是当前常规能源的主力军，它们属于矿物燃料，是地球内部某些物质经千百万年的变化形成，是不可再生的能源。煤炭、石油、天然气还是宝贵的工业原料，从中可以提取许多人们生活所需的物质，把它们当作燃料白白烧掉，这是非常可惜的。能源是社会发展的重要物质基础。世界要持续发展，能源问题必须解决。仅仅靠常规能源显然是不可能的，也不是长久之计，为此，开发利用新能源以缓解现今能源危机，已成当务之急。

地热能作为能源大军的新兵之一，具有很大的利用潜能。首先，它来源于地球"大热库"，全球地热储量十分巨大，理论上可供全人类使用上百亿年。据估计，即便只拿地球表层 10 km 这样薄薄的一层来计算，全球地热储量也有约 1.45×10^{26} J，相当于 4.948×10^{15} t 标准煤，是地球全部煤炭、石油、天然气资源量的几百倍。世界上已知的地热资源集中地分布在三个主要地带：一是环太平洋沿岸的地热带；二是从大西洋中脊向东横跨地中海、中东到我国滇、藏的地热带；三是非洲大裂谷和红海大裂谷的地热带。这些地带都是地壳活动的异常区，多火山、地震，是高温地热资源比较集中的地区。

其次，随着温度的降低，不同温度的地热可采取不同的利用方式，梯度利用使得地热能具有较高的利用率。地热资源按贮存形式可分为水热型、蒸汽型、地压型、干热岩型和熔岩型等多种类型；根据地热水的温度，又可分为高温型（>150℃）、中温型（90～150℃）和低温型（<90℃）三大类。地热能的开发利用可分为发电和非发电两个方面，高温地热资源主要用于地热发电，中、低温地热资源主要是直接利用，多用于采暖、干燥、工业、农林牧副渔业、医疗、旅游及人民的日常生活等方面。2007 年，联合国《世界能源评估》报告指出，地热发电的利用率高达 72%～76%，是风能的 3～4 倍（风力发电 20%），是太阳能的 4～5 倍（太阳能发电 14%）。

最后，地热能可直接利用，稳定持续。地热能发电系统全年可运行 6 000 h以上，有些地热电站甚至高达 7 000～8 000 h。因此，地热能在未来能源结构中可提供稳定、连续的基础负荷，且地热能发电系统可接近负荷中心，不存在其他可再生能源分散、不稳定、长距离输送等问题，是可靠稳定的可再生能源。如果能得到合理的开发与利用，地热能可以在能源大军中扮演重要角色，从而很好地弥补如今能源缺口问题。

2.3.2　开发清洁能源

节能减排和发展低碳经济是当前的一项重要工作，党中央、国务院对能源问题非常重视，将其作为贯彻落实习近平新时代中国特色社会主义思想、实现可持续发展的重要内容，并采取了一系列的政策和措施，其中涵盖了大力发展包括浅层地热能在内的可再生能源。随着经济持续快速增长，能源供求矛盾不断加剧，要实现"十二五"期间节能减排的目标和区域可持续发展，必须重视可再生、环保、经济型能源的开发利用。

大量使用煤炭、石油等常规能源给环境造成很大的危害。煤烟中的颗粒物严重影响大气质量，排放的 CO_2 包围在地球周围形成"温室效应"，使全球气候变暖，对环境和生态造成严重后果。燃煤产生的 SO_2 升空遇水汽形成酸雨落下，使建筑物、桥梁、古迹等遭受严重腐蚀。工厂排放的废气、废水、废渣严重污染大气、河流等，破坏生态平衡。

风力发电、光伏发电、核能发电的减排效益是参照煤电排放标准计算的，而地热能供暖替代了燃煤供热锅炉以及大量散煤燃烧取暖的煤炭消耗。同样 1 t 煤，地热能供暖的污染物减排效益要远远大于其他可再生能源的效益。新能源和可再生能源大家族中，地热能的能源利用率最高（73%）。在一些国家，地热发电站的能源利用率可高达 90% 以上，而太阳能的能源利用率仅为 14%，风能为 21%。据联合国《世界能源评估》报告，地热发电及非电能直接利用成本在可再生能源大家族中具有很强的竞争力。高温地热发电 CO_2 排放量约为 120 g/（kW·h），远远低于燃煤发电。与传统的锅炉供暖相比，利用热泵供暖，其 CO_2 排放量至少可减少 50%，若热泵所需电力来自可再生能源（如水力发电或其他），则 CO_2 减排量可达 100%。

据估算，全球可采地热资源量为 5×10^{20} J/a，超过当今全球年均一次能源消耗总量。2010 年 4 月国际地热协会（IGA）于印度尼西亚巴厘岛召开的世界地热大会（WCJC）报道显示，截至 2009 年年底，全球已有 24 个国家建有地热电站，总装机容量和年发电量分别为 10 715 MW 和 672.5 亿 kW·h；2015 年地热发电国家增至 34 个，总装机容量达到 18 500 MW，利用现有技术，到 2050 年地热发电装机容量可望达到 70 GW；若采用地热能新的技术（增强型地热系统），则装机容量可以翻一番（140 GW）。若用地热发电替代燃煤发电，到 2050 年可减少 CO_2 排放量约 10 亿 t/a，若替代天然气发电则可减少 5 亿 t/a。当今，全球地热直接利用总装机容量和年产能分别为 5 058 万 kW 和 4.38×10^{14} kJ，年均增长幅度分别达到 12.3% 和 9.9%。利用浅层地热能的地源热泵技术在世界各国已得到广泛应用，其利用量占全球地热直接利用量的 1/2，年均增幅达到 20%，全球地热资源直接利用已实现 CO_2 减排 1.5 亿 t/a。由此可见，地热能源的开发利用将对 CO_2 减排及减缓全球气候变化起很大作用。

2.3.3　促进能源结构调整

我国自改革开放后，经济建设迅速发展，人们生活水平不断提高，城镇化步伐加快。建筑物用能，包括制冷空调、采暖、生活热水的能耗，特别是冬季采暖供热，由于大量使用燃煤、燃油锅炉，造成的环境污染、温室效应、疾病频发等严重影响着人们的生活质量。因此，开发和利用地热资源，在建筑物的制冷空调、采暖、供热方面有着十分广阔的市场，对我国调整能源结构、促进经济发展、实现城镇化战略、保证可持续发展等具有重要的意义。

《能源发展战略行动计划（2014—2020 年）》中明确指出，着力优化能源结构，把发展清洁低碳能源作为调整能源结构的主攻方向。坚持发展非化石能源与化石能源高效清洁利用并举，逐步降低煤炭消费比重，提高天然气消费比重，大幅增加风电、太阳能、地热能等可再生能源和核电消费比重，形成与我国国情相适应、科学合理的能源消费结构，大幅减少能源消费排放，促进生态文明建设。根据我国能源发展目标，2020 年非化石能源占比从 12%（2015 年）提高到 15%，表示非化石能源共需提高 3%，其中地热能提高 1%，占到了提高比例的 1/3（表 2-3），到 2020 年，地热能利用规模达到 5 000 万 t 标准煤。地热能利用技术的发展将对能源结构调整具有突出贡献，推动城乡用能方式的变革。制定城镇综合能源规划，大力发展分布式能源，科学发展热电联产，鼓励有条件的地区发展"热电冷"联供，发展风能、太阳能、生物质能、地热能供暖。2020 年，地热能利用规模已达到 5 000 万 t 标准煤。

表 2-3　地热能利用情况对比

指标	2015 年	2020 年	增长量
地热能年利用量/万 t 标准煤	2 000	7 210	5 210
直接利用面积/亿 m^2	5	16	11
地热发电/MW	30	530	500
一次能源消耗/亿 t 标准煤	43	48	5
地热能利用占一次能源消耗比例/%	约 0.5	约 1.5	1

2.4 本章小结

　　本章从环境及经济因素角度分析了绿色能源的利用背景。随着全球性的能源短缺、国际油价不断创出新高、燃煤火电对环境的污染和气候变暖问题的日益突出，积极推进能源革命，大力发展可再生能源，加快绿色能源推广应用，已成为各国各地区培育新的经济增长点的重大战略选择。本章阐述了几种常见的绿色能源，包括太阳能、风能、生物质能、核能、地热能、海洋能、废弃物能、氢能等的发展现状。目前，新能源发展势头迅猛，但仍然存在绿色能源开发利用难度大、经济效益偏低的问题。相对而言，地热能具有资源分布广、储量大、清洁环保、稳定可靠等优势，比其他可再生能源具有更大的技术潜力，对缓解能源危机、解决环境问题以及调整能源结构有着重要的意义，值得广泛推广应用。

第 3 章
地热能及取热技术

3.1 地热能概述

3.1.1 地热能简介

地球内部的热能统称为地热能，它源于地球内部长寿命放射性同位素热核反应产生的能量，是地球内部普遍存在的可再生清洁能源，储量巨大，无污染，不受地面气候等条件的影响。据联合国发布的有关新能源的报告，全球地热能资源总量相当于现在全球资源总消耗量的 45 万倍。人们长期以来所依赖的传统能源，如煤炭、石油、天然气等，都是一次性不可再生能源，随着人类不断地开发利用，传统能源终将会枯竭。另外，在使用这些传统能源时，不可避免地将对自然环境造成巨大的污染，对整个生物圈造成威胁。为此，科学家们都在积极寻找其他清洁的、可再生的新型替代能源。地热资源正是这样一种清洁、可再生的能源。

关于地热的来源，有多种假说。一般认为，地热主要来源于地球内部放射性元素蜕变释放的热能，其次是地球自转产生的旋转能以及重力分异、化学反应、岩矿结晶释放的热能等。在地球形成过程中，这些热能的总量超过地球散逸的热能，形成巨大的热储量，使地壳局部熔化从而产生岩浆作用、变质作用。地质学界将地面到地下 30 km 之间的范围划分为 3 个不同的地热层：最上面的一层是变温层，这一层的温度随地面温度的四季变化而发生不同程度的变化。中间一层是恒温层，处于变温层之下，恒温层一年四季的温度不受外界的影响，恒温层相当于一种分界面。最下面一层是增温层，在增温层内，温度从上向下逐渐增高，一般每向地下增加 100 m，温度升高 3℃，被称为地热梯度。地热资源的开发利用主要发生在增温层。

现已基本测算出，地核的温度可达 6 000℃左右，地壳底层的温度达 900～1 000℃，地表常温层（距地面约 15 m）以下约 15 km 范围内，地温随深度增加而增高。不同地区地热增温率有差异，接近平均增温率的称为正常温区，高于平均增温率的地区称为地热异常区，地热异常区是研究、开发地热资源的主要对象区域。地壳板块边沿断裂及火山分布带等，是明显的地热异常区。

地热资源属于宝贵的矿产资源，早在 1970 年李四光先生就提出"地下是一个大热库，是人类开辟自然能源的一个新来源，就像人类发现煤炭、石油可以燃烧一样"。根据地质、矿产专家的分析，地热的形成方式主要有以下几种。

（1）火山喷发及岩浆活动

一般情况下，火山喷发会造成地壳内部的岩浆活动。即使在死火山地区，地底下也会有大量尚未冷却的岩浆。岩浆释放的热能会进入有孔隙的含水岩层中并形成高温热水或者蒸汽。在地壳板块的边界地带，火山和岩浆活动往往非常频繁，这就会形成新旧岩浆交织的岩浆房，从而出现面积不等的地热田，形成地热资源。

（2）地壳板块断裂

在地壳板块内侧基岩隆起区或者其他部分由于断裂所形成的断层岩地和山间盆地，活动性的断裂构造控制作用也会形成地热资源。这种地热田面积只有几平方千米，具有"点多面广"的特点。

（3）地壳板块断陷或坳陷

地壳板块内部巨型断陷或坳陷也会产生地热资源，其动力源自断块凸起或褶皱隆起的控制作用。这种地热田面积较大，通常在几十到几百平方千米之间，地热资源潜力和开发价值都比较高。

3.1.2　地热能的特点

地热能是指能够经济地被人类所利用的地球内部的热能，其总量丰富、能量密度大、分布广泛，具有绿色低碳、适用性强、稳定性好等特点，与风能、水能等其他新能源相比，受外界因素影响小，是一种发展潜力巨大的可再生能源。在能源革命、大气污染治理、清洁供暖的大背景下，地热能作为一种极具竞争力的清洁可再生能源，将发挥日益重要的作用。

3.1.2.1　储量巨大

众所周知，地球深部岩浆呈高温高压状态，这些热能构成了深层地热能；地球浅部由于太阳光照射和热量交换，构成了浅层地热能，深层地热能与浅层地热能共同构成了广义上的地热能。地热能储量非常巨大，据科研数据初步推测，整个地球地热能理论储量为 1.25×10^{31} J，相当于 3×10^{20} t 石油的能量，是地球上全部石油、天然气、煤炭所蕴藏能量的上亿倍。目前，随着科技的进步，人类已经可以利用地下 5 km 深度内的地热能，在这个范围内可采的地热能约为 1.4×10^{25} J，相当于 3.4×10^{14} t 石油的能量，换算成煤炭，超过地球上全部煤炭所蕴藏能量的 5 000 万倍。

我国也是地热资源大国，从目前的地质勘查研究成果分析，西藏、四川、云南、河北、山东等地区是我国地热资源的主要分布区，图 3-1 所示为我国主要的地热资源分布地带。"十二五"期间，中国地质调查局组织完成全国地热能资源调查，对浅层地热能、水热型地热能和干热岩型地热能资源分别进行评价。结果显示，中国 336 个主要城市（不包括香港、澳门特别行政区和台湾地区，下同）浅层地热能年可采资源量折合 7 亿 t 标准煤，可实现供暖（制冷）建筑面积 320 亿 m²。我国水热型地热能年可采资源量折合 18.65 亿 t 标准煤（回灌条件下）。其中，中低温水热型地热能资源占比达 95% 以上，主要分布在华北、松辽、苏北、江汉、鄂尔多斯、四川等平原（盆地）以及东南沿海、胶东半岛和辽东半岛等山地丘陵地区，可用于供暖、工业干燥、旅游、疗养和种植养殖等。高温水热型地热能资源主要分布于西藏南部、云南西部、四川西部和台湾地区，西南地区高温热水型地热能年可采资源量折合 1 800 万 t 标准煤，发电潜力 7 120 MW，可满足地热能的梯级高效开发利用。

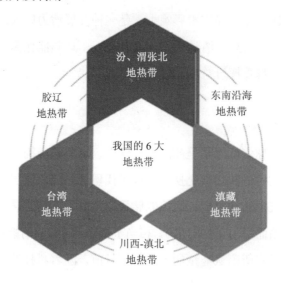

图 3-1　我国地热资源分布

3.1.2.2　用途广泛

地热能按使用方式可分为直接利用和间接利用。直接利用是指不经过能量形式转换，利用温差直接使用地热能为目标加热或散热，如地热水直接用于洗浴、温室种植、水产养殖等。目前，我国天津市、北京市、陕西省、河北省等部分地区都已经有成功直接利用地热能的相关项目。地热能的间接利用是指通过能量形式的转化将地热能转化为其他形式的能量而加以利用。其中，地热发电是一种最重要的地热能间接利用方式，即通过将地热能转变为机械能，机械能再转变为电能的方式间接利用地热能。我国利用地热能发电已有数十年的历史，西藏羊八井在 20 世纪 70 年代已建成并运行了高温地热发电厂，到目前已安全运行 40 余年。

在中低温地热发电方面，广东省丰顺县和湖南省宁乡市两处 300 kW 地热发电厂从 20 世纪 70 年代正常运行至今，取得了良好的经济效益。除地热发电外，浅层地热能的利用在我国近年来也发展迅速，目前我国采用地源热泵技术供暖（供冷）建筑面积已超过 1.9×10^8 m²，而且仍在快速增长中。

3.1.2.3 清洁、可再生

从地质构造的角度来看，地热能主要集中分布在构造板块边缘一带，该区域也是火山和地震多发区。所以，地热能是一种污染程度较低，甚至无污染的清洁能源。此外，如果热量提取速度不超过补充的速度，地热能可以实现自动循环再生。

地热能也是一种清洁的可再生能源。利用地热能不会像利用化石燃料那样排放大量的 CO_2、SO_2、NO_x、粉尘等燃烧产物，对环境造成严重污染，引起温室效应、酸雨、土地沙漠化等问题。因此，开发利用清洁无污染的浅层地热能资源已是社会发展的必然趋势。

3.1.2.4 高效、安全可靠

数据统计分析表明，地热能的利用系数是目前已知所有可再生能源中最高的。联合国《世界能源评估》报告数据显示：风力发电、光伏发电年运行时间约 2 500 h，而地热发电年运行时间能达到近 8 000 h，是风力发电、光伏发电年运行时间的 3～4 倍；风力发电机组年利用率为 21%，光伏发电机组年利用率为 14%，而地热发电机组年利用率高达 85%～95%，其利用系数是风力发电的 3.4 倍、太阳能发电的 5.1 倍。同时，地热能稳定性强。太阳能、风能受气候条件的限制和影响大，而地热能则较为持续且稳定。尽管从资源分布的角度来看，地热资源具有一定的地域性，但地热资源开发利用后不会出现由于气候及天气等条件的变化而停运的问题。

地热资源具有安全性的特点。人类很早就懂得利用地热资源，如利用天然温泉做饭和洗浴。意大利是世界上第一个利用地热发电的国家，1913 年，第一座装机容量 0.25 MW 的电站在意大利托斯卡纳地区建成并运行，标志着商业性地热发电的开端。到 1940 年装机容量达到 130 MW。北爱尔兰、新西兰的地热电厂建于 1958 年，美国加利福尼亚州地热电厂建于 1960 年，这些电厂已经商业化运作了多年，这充分证明地热资源是一种可靠、安全的新能源。

此外，2011 年 3 月，日本大地震引发的福岛核泄漏事故，引起了人们对于核能安全利用的担忧。多国接连爆发反核能示威，德国、意大利等国首先宣布全面停止使用核能，全世界的目光转向安全、高效的绿色可再生能源。中国科学院地球物理所研究人员认为，开发地热是遏制与预防地震灾害的一种积极主动的方法，并阐述地热与地震是一对"孪生兄弟"，两者休戚与共，密不可分。根据逆向思维创新理论，采用增强型地热系统开发利用地热，可以充分挖掘地壳内热力，诱发无任何破坏作用的无数次小微地震，让地震危险带上地壳内聚集的热力得以疏导，向地表可控、有序、充分、有效地释放，始终保持不饱和非局限自由状态，可以有效预防大型地震的发生。

3.1.3　地热能类型

3.1.3.1　按温度划分

我国按照地热水的温度将地热能分为三类。

温度高于 150℃称为高温型，此类地热能源主要用于地热发电。主要分布在区域性地球板块构造活动地带，具体表现为沿欧亚板块边界分布的喜马拉雅地热带和菲律宾板块、欧亚板块、太平洋板块的交汇处分布的台湾地热带。这两大高温地热带上的地区和城市是我国高温地热资源的主要分布处，包括西南侧的西藏南部、云南西部、四川西部和东侧的台湾。

温度低于 90℃称为低温型，温度介于 90～150℃称为中温型，低温型和中温型地热能源主要用于地热直接利用，多用于采暖、工业、医疗、旅游等方面。主要分布在板内构造隆起区及大陆构造沉降区,在我国主要分布于东南沿海地热带。东南沿海的广东、福建、海南地处板块构造隆起区,本地带上的地热田面积狭小,多数面积小于 1 km²,由于地热田面积小,因此水温主要由地下水的循环深度决定,此地热带上地热水循环深度在 3.5～4.5 km 处,推算地下热储的基准温度为 90～140℃,属于中温地热水。该地热带上的地区和城市多数为经济较为发达地区和城市,因此也是我国东部地热资源直接利用潜力最大的地区。另外,中、新生代大中型沉积盆地是油气和煤炭等各种矿产资源的主要产地,而这类沉积盆地,如松辽盆地、四川盆地、鄂尔多斯盆地、渭河盆地和苏北盆地也是地热资源的主要分布地区。长久以来我国这几个主要沉积盆地,因为常规矿产资源的庞大储备量而受到重视。据估算,该区可采资源量用标准煤换算,可达到 18.54 亿 t 标准煤,而地热资源常常被忽略。

3.1.3.2　按埋藏深度划分

根据埋藏深度的不同,地热资源可以分为浅层地热能、常规中深层地热能及深层干热岩型地热能三类。浅层地热能一般是指地表以下 200 m 深度范围内,在当前技术经济条件下具备开发利用价值的蕴藏在地壳浅部岩土体和地下水中的低温地热资源。由于浅层地热能温度较低,所蕴含的热量一般很难被直接利用,可利用地源热泵技术实现供暖和供冷。常规中深层地热能基本上以热水型地热资源为主,一般蕴藏在距地表 200～3 000 m 的深度中,被广泛应用于日常生产、生活等方面,为人们的生活提供了极大的便利。深层干热岩型地热能是在干热岩技术基础上提出来的,采用人工方式形成地热储层,从低渗透性岩体中更加经济地采出深层热能的人工地热系统,也称为增强型地热系统(EGS)。干热岩普遍埋藏于距地表 3 000～6 000 m 深处,温度为 150～650℃。经过数十年的发展,我国浅层地热能开发已初具规模,常规地热能开发技术渐入佳境,EGS 由于缺乏资金和技术支撑,目前在国内发展得比较缓慢。

总体来说,我国地热资源一般分为三个类别:水热型地热资源、浅层地热资源、干热岩资源。具体分布情况如表 3-1 所示。

表 3-1 我国地热资源分布

资源类型			分布地区
浅层地热资源			东北地区南部、华北地区、江淮流域、四川盆地和西北地区东部
水热型地热资源	中低温	沉积盆地型	东部中、新生代平原盆地，包括华北平原、河淮盆地、苏北平原、江汉平原、松辽盆地、四川盆地以及环鄂尔多斯断陷盆地等地区
		隆起山地型	藏南、川西和滇西、东南沿海、胶东半岛、辽东半岛、天山北麓等地区
	高温		藏南、滇西、川西等地区
干热岩资源			主要分布在西藏，其次为云南、广东、福建等东南沿海地区

3.2 地热能取热技术发展历程

地热能提取技术依据地热资源贮存深度不同，主要分为浅层地热能取热技术及中深层地热能取热技术，包括中深层地热流体利用技术、中深层地热能直井深埋管式提取技术、干热岩热能开发技术等。

3.2.1 浅层地热能取热技术发展历程

浅层地热能主要利用地源热泵技术的热交换方式，将贮存于浅层地层的低品位热源转化为可以利用的高品位热源。地源热泵概念是 1912 年由瑞士人 Zoelly 提出，1946 年美国开始进行这项技术的研究工作，并在俄勒冈州成功建成第一个地源热泵系统，但由于当时化石能源价格低廉、储量丰富，因此没过多久这项研究就被搁置了。

1973 年石油危机出现，可再生能源的需求开始攀升，欧美国家开始大力研究地源热泵技术，在政府的支持下，经过一系列试验和计算机模拟，形成一套完备的理论基础，但由于当时技术受限，地源热泵并未大范围推广使用。

　　美国的地源热泵起源于地下水源热泵。由于土壤源热泵的初始投资高、计算复杂以及金属管的腐蚀等问题，早期美国的地源热泵中土壤源占比较小，以地下水源热泵为主。早在 20 世纪 50 年代，美国市场上就开始出现以地下水或者河湖水作为热源的地源热泵系统，并用它来采暖，由于采用的是直接式系统，很多系统在投入使用 10 年左右时由于土壤中化学物质腐蚀等问题就失效了，地下水源热泵系统的可靠性受到了人们的质疑。80 年代初，通过改进后，水源热泵机组扩大了进水温度范围，加上欧洲板式换热器的引进，闭式地下水源热泵逐渐得到广泛应用。与此同时，人们也开始关注土壤源热泵系统。在美国能源部的支持下，美国橡树山（Oak Ridge National Laboratory，ORNL）和布鲁克海文（Brookhaven National Laboratory，BNL）等国家实验室和俄克拉何马州立大学（Oklahoma State University，OSU）等研究机构进行了大量的研究，主要研究集中在地下换热器的传热特性、土壤的热物性、不同形式埋管换热器性能的比较等。为了解决腐蚀问题，地埋管也由金属管变成了聚乙烯等塑料管。至此，美国进行了多种形式的地下埋管换热器的研究、安装和测试工作。现在美国所安装的土壤源热泵主要是闭式环路系统，根据塑料管安装形式的不同可分为水平埋管和垂直埋管，此系统可以被高效地应用于各种地方，也正是土壤源热泵系统的广泛应用推动了近几十年美国地源热泵产业的快速增长。

　　随后，岩土源热泵的研究逐渐活跃。欧洲先后召开了多次大型的岩土源热泵的专题国际学术会议。当时瑞典就已试验安装了多套岩土源热泵装置。美国也在美国能源部的直接资助下由一些国家实验室和大学等研究机构开展了大规模的研究，为利用地能资源特别是岩土源热泵的推广起到了重要的作用。这一时期的主要工作是对地埋换热器的地下换热过程进行研究，建立相应的数学模型并进行数值仿真。随着科技的进步，关于能源消耗和环境污染的法律越来越严格，地源热泵的发展迎来了它的另一次高潮。一些国家组织了专门的机构来帮助用户、安装者和生产厂家，这些组织包括欧洲热泵协会（European Heat Pump Association，EHPA）与由来自德国、奥地利和瑞士的专家组成的协会等。同时，一些大的生产厂家开始为设计地源热泵而编写软件，尤其是地下换热器部分。

20 世纪 90 年代以来，以岩土源为代表的地能利用热泵研究热点依然集中在地埋式换热器的换热机理、强化换热及热泵系统与地埋式换热器匹配和安装布置技术等方面。与前一阶段研究简单的传热模型不同，研究者更多地关注相互耦合的传热、传质，以便更好地模拟地埋式换热器的真实换热状况，指导实际应用，同时开始研究采用热物性更好的回填材料，以强化埋管在岩土中的导热过程，从而降低系统用于安装埋管的初投资；为进一步优化系统，研究者开始研究有关地埋式换热器与热泵装置的最佳匹配参数。国际最新研究动态表明，有关地埋式换热器的传热强化、岩土源热泵系统仿真及最佳匹配参数的研究都是岩土源热泵发展的核心技术课题，也是涉及多个基础学科领域且极具挑战性的研究工作。

我国对地源热泵的研究起步较晚，从 1978 年开始，中国制冷学会第二专业委员会连续主办全国余热制冷与热泵学术会议。自 20 世纪 90 年代起，中国建筑学会暖通空调分会、中国制冷学会第五专业委员会主办的全国暖通空调制冷学术年会上专门增设了有关热泵的专项研讨，地源热泵概念逐渐出现在我国科研工作者的视野里并逐步得到重视。1997 年，中国科技部与美国能源部正式签署的《能效与可再生能源合作议定书》是我国地源热泵真正起步的标志性事件，双方政府从国家政府最高层面对地源热泵进行扶持和引导，双方合作对我国地源热泵初期发展起到了引导的作用，从专业人员到政府管理部门都逐渐认识并且接受了高效节能的新系统，一些建设人员、专业设计人员开始主动学习新系统。这个阶段，地源热泵概念开始在暖通空调技术界人士中扩散，相关的设计人员、施工人员、集成商、产品生产商等也逐渐被地源热泵概念所吸引，但整体看来，这一时期地源热泵技术还没有被市场所接受，专业技术人员对该技术普遍不了解，相关地源热泵机组和关键配件不齐全、不完善，造成这一阶段地源热泵系统发展规模不大，进展速度不快。

进入 21 世纪后，地源热泵在中国的应用越来越广泛，截至 2004 年年底，我国制造地源热泵机组的厂家和系统集成商有 80 余家，地源热泵系统在我国各个地区均有应用。这个阶段相关科学研究也极其活跃，地源热泵发展逐渐升温。由于缺乏统一的系统培训，技术实施人员的技术水平参差不齐，导致某些项目出现了问题，引起了人们对此技术的担忧。地源热泵应用越来越广泛，相关科学研究也活跃起来，但因缺少技术支持、初期投资较高等原因，导致推广发展缓慢。

2005 年之后，随着我国对可再生能源应用及节能减排工作的不断加强，《可再生能源法》《节约能源法》《可再生能源中长期发展规划》《民用建筑节能管理条例》等法律法规的相继颁布和修订，外加财政部、住建部两部委对国家级可再生能源示范工程和国家级可再生能源示范城市的逐步推进，更奠定了地源热泵在我国建筑节能与可再生能源利用中的突出地位，各省（区、市）陆续出台相关的地方政策，设备厂家不断增多，集成商规模不断扩大，新专利新技术不断涌现，从业人员不断增多，有影响力的大型工程不断出现，地源热泵系统应用进入了爆发式的快速发展阶段。截至 2009 年年底，我国地源热泵相关设备产品制造、工程设计与施工、系统集成与调试管理维护的相关企业已经达到 400 余家，从全国范围来看，现有工程数量已经达到 7 000 多个，总面积达 1.39 亿 m^2。地源热泵相关项目比较集中的地区有北京、河北、河南、山东、辽宁和天津，80%的项目集中在我国华北和东北南部地区。根据中国建筑业协会地源热泵工作中心对其组成单位相关工程信息的统计，我国土壤源热泵、地下水源热泵、地表水源热泵、污水源热泵四种系统的使用比例分别为 32%、42%、14%、12%。

近年来，我国在地源热泵相关技术上进行了一系列探索，特别是各高校和科研机构相继开展了理论与实际应用方面的深入研究，在地源热泵技术的研究与普及方面获得了较大的成功，地下水源热泵系统、地表水源热泵系统以及地埋管地源热泵系统等各种方式在我国均得到了迅速发展。地源热泵技术作为一种新型的清洁能源得到了政府的重视与支持，在各类建筑中得到广泛应用，应用面积快速增长，通过地源热泵技术利用的浅层地热能在短短十多年的时间内已跃居世界前列。

3.2.2　中深层地热能取热技术发展历程

中深层地热能主要指地下200～3 000 m的地层中所蕴含的地热资源。近年来，在地热能的利用中，浅层地热能的提取开发利用具有一定的局限性，因此中深层地热能的开发利用受到了更多的重视。目前，人们常以微震监测、重磁勘探、感应电磁勘探法等技术勘察中深层地热能。目前，国内中深层地热开发还处于刚刚起步的初级阶段，其基础理论和技术尚未突破。在对中深层地热能进行利用时大部分采用"采灌结合""间接换热""阶梯利用"及"尾水净化"和"矿物提取"等技术手段。通过换热技术将地热尾水换热，并在密闭状态下通过回灌管线回注到地下，用少量的水将地热不断地运输上去，既节约了水资源又实现了地热资源的可持续利用。这些技术的使用可提高地热能利用的集约化水平，极大地提升了地热利用率。中深层地热能取热技术主要采用水热型地热供热技术和中深层地热能地埋管供热系统应用技术及干热岩技术对地热能进行开发使用。

（1）水热型地热供热技术

水热型地热资源一般以热水形式埋深在地下 200～3 000 m 深度，主要包括高温的岩浆型、中低温隆起断裂型及沉降盆地型资源。高温岩浆型地热资源温度一般高于 150℃，主要用高温干蒸汽发电技术进行发电和工业利用，高温湿蒸汽技术次之；中低温隆起断裂型及沉降盆地地热资源温度一般为 40～150℃，含有多种矿物成分和化学元素，用来发电的技术成熟度和经济性较低，一般直接用于采暖、矿产提取、医疗洗浴、种植养殖等，方式简单且经济性好。我国水热型地热资源的含量相对丰富，尤其是中低温水热型地热能源的含量极多。依照有关的统计数据，在沉积盆地中含有大量的水热型地热资源，而我国的沉积盆地面积高达 $4.2×10^4$ km^2，约占总国土面积的 0.44%，在各个省（区、市）内均有分布，所以水热型地热资源的开发具有非常大的潜力。然而在进行水热型地热资源开发时，经常出现砂岩回灌堵塞的技术难题，这也是制约我国水热型地热资源进一步开发的关键所在，是今后该技术研发的重点。

　　水热型地热供热技术是通过向中深层岩层钻井，将中深层地热水直接采出，以地下中深层地热水为热源，由地面系统完成热量提取，用于地面建筑物供暖的技术。对水热型地热系统的研究，早在 20 世纪初，研究者 Von Knebel 等就注重地下热量传导和储存的水量研究；之后 White 等开始对地热系统的地球化学特征展开系统的研究工作并于 1967 年提出了经典的水热系统成因的概念模型，分别从热源、水源、热储层及盖层四方面进行了概述。在水热型地热系统开发的初期，学者们利用热泉水地球化学调查资料，概括地热系统概念模型并评价深部流体的温度和化学特征，随着获取数据的增多和模型的不断完善，可以解释地表排泄流体的化学特征等；Arnorsson 等对地热资源勘探开发过程中的水化学及同位素应用进行了论述；Bignall 等对地热田地下热水中水岩相互作用进行了研究；Apollaro 等利用水化学及同位素的资料，对土耳其 Sibarite 温泉的热矿水进行了研究。

　　当前，我国对于水热型地热供暖技术的应用已经达到了世界前列，地热能的利用位居世界首位。但在该类技术的研发中，由于我国相关设备工艺落后，缺乏先进高端的综合型人才，所以相比发达国家还有一定的差距。尽管如此，目前我国水热型地热供暖技术装置和设备也已经逐渐实现了自动化和信息化，这将推动我国地热开发技术朝着更加先进的方向发展。

　　（2）中深层地热能地埋管供热系统应用技术

　　为突破浅层土壤源热泵限制，研究者提出了将地埋管换热技术应用于更深的中深层地岩热能，称为深井换热技术。该技术采用深层钻孔工艺，钻孔深度一般为 1 500～2 500 m，将特制的闭式换热器埋于孔中，通过管路与地面换热设备相连接，形成闭式循环系统。闭式换热器可采用水或专用混合介质做循环换热介质，换热介质与地下深层高温岩土换热后，为地面换热设备提供热源。国内外对于深井换热技术的命名大同小异，该技术具有取热持续稳定、地温恢复快及环境影响低等特点，比传统浅层地热能热泵技术可以节能 30% 以上。同时，无冷热平衡需求，占地需求小，不需要尾水回灌等优点。因整个系统运行过程对地层的地下水没有影响，能够做到"取热不取水"，所以也叫无干扰供热技术。

Rybach 和 Hopkirk 最早提出了利用深井换热技术（Deep Borehole Heat Exchanger）开采中深层水热型地热能为建筑供暖的方法。在一口钻井中安装一个同轴套管，在套管的外壁和周边地层之间灌入水泥砂浆，降低热阻，提高换热效率，以保证套管和围岩之间的接触和传热，该技术也被称为套管换热技术。为实现供暖目的，在外套管中注入冷水，冷水下降过程中被周边的岩石（土）加热升温，当水流到套管底部之后，通过内管再次向上运移。热水回到地面后，将其热量经热泵机组提取，用于建筑供暖，冷却之后的循环水再次进入地下换热循环，将周边岩石（土）中的热量带到地表。此技术与浅层地埋管技术相比，其优势在于无须过多地钻孔和大面积的地埋管铺设；与边缘引导系统（EGS）技术相比，其具有投入少、换热稳定的优势；与开放式的中深层水热型回灌技术相比，同轴套管技术的普适性和"取热不取水"特点均具有更高的推广度，因此利用同轴套管技术开发中深层地热资源用于供暖是较为合适的方式。

对于中深层同轴套管地热技术来说，其发展主要体现在对地层热物性参数的获取、套管使用和优化换热器的性能上。在地层岩土热物性参数方面，Press.C 教授在 1995 年总结了瑞典和美国首次采用移动测量装置进行热响应试验（TRT）的规律，并将这种方法发展并推广到北美和欧洲的其他几个国家。

国内对中深层地热的利用主要集中于水热型地热田，采取的是通过回灌井补充地下水，而中深层位的同轴套管换热技术是近些年才开始研究和利用的。由于其显著的优势，国内部分城市和地区（雄安、东南沿海等）已逐渐投入使用。在地层热物性参数研究方面，国内主要是基于浅层的原位热响应试验。张长兴等利用非稳态热响应试验对岩土导热系数和体积比热容两个参数测定并评价其误差。官燕玲等采用三维数值和试验手段通过在放热和取热不同工况下对岩土热响应试验进行测定。李少华等通过岩土热响应试验，对舍弃初始时间、运行时间及加热功率等因素进行了敏感分析。葛凤华等利用线热源理论在严寒地区进行热响应试验，分析了换热器的热阻和换热能力。

（3）干热岩取热技术

深层高温干热岩资源是地热能中潜力最大的资源，被认为是地热能未来发展的重点目标。EGS 是开发干热岩体地热资源的有效方法，其利用水力压裂方法在干热岩内造出裂缝系统，通过在注入井、人造热储和生产井之间循环工质开发地热能。目前，干热岩开发利用正处于工程建设到商业化应用过渡阶段，世界上许多国家已开始进行 EGS 工程试验。美国能源部专门启动了地热能源前沿监测站建设工程，重点研究干热岩压裂改造技术、高效低成本钻井技术、地质数据监测方法和储层渗流传热机理等，旨在推动干热岩资源开发利用进程。

EGS 的开发和研究工作在国际上已经持续了 40 多年。美国是最早对干热岩进行研究的国家。1974 年，美国在新墨西哥州钻了第一口深井，开展了 Fenton Hill 干热岩项目，从此拉开了干热岩研究的序幕。其开发经历了两个深度不同的独立的热岩储层阶段，第一阶段（1974—1980 年）水力压裂储层埋深 2 800 m，第二阶段（1980—1992 年）裂隙储层埋深 3 500 m。到 1980 年，英国（在 Rosemanows 地区）、法国（在 Le Mayet 地区）、瑞典（在 Fjalbacka 地区）、日本（在 Yamagata 地区）、德国（在 Falkenberg 地区）等多个发达国家均开展了干热岩的相关研究和试验，建立了一批研究试验基地并取得了很多成果。这一系列研究充分说明了干热岩可以通过压裂等方式创造一个层裂隙，通过向裂隙注水，使水在高温岩体中被加热后可以抽回地面并提取能量用于发电，这为地热资源的开发利用提供了新的思路。由于使用 EGS 技术具有热能蕴藏量巨大、利用效率高、系统稳定的特点，各国一直在研究 EGS 试验，但 EGS 研究开发是一项综合性很高的工作。目前，世界上开展 EGS 示范性研究的国家有美国、英国、法国、德国、日本、瑞典、瑞士、奥地利和澳大利亚等国家，其中欧洲的发展最为迅速。在已建立的 32 个 EGS 项目中，目前正在运行的有 14 个项目，其中有 10 个分布在欧洲（德国 6 个，英国 2 个，法国 1 个，奥地利 1 个）。在欧洲的 10 个运行项目中，其中有 6 个已实现了商业化开发，如德国的 Unterhaching 和英国的 Eden 等。从 EGS 的开发类型上来看，全球 32 个增强型地热系统主要为干热岩系统（22 个项目），其次为热沉积含水层系统。由于欧洲干热岩系统比热沉积含水层的存在要广泛得多，所以针对干热岩的增强型地热系统技术发展较快。

我国也较早认识到干热岩资源的重要性，很早就对我国的干热岩资源储量进行了大量的调查和研究。曾梅香等对天津地区的干热岩资源状况进行了测量调查研究，结果表明天津部分区域存在深度为 3 000 m 以下、产能可以达到 7 GJ/km^2 的干热岩，属于经济可开发性较高的岩体。孙知新等对青海的地热情况进行了深入研究，发现青海共和盆地在 1 000 m 左右深度的温度可以达到 80℃左右，其中 R1 钻孔（1 203 m）实测底部温度达 83℃，QR1 钻孔（969 m）实际测量底部温度为 70℃，地温梯度高达 6～7℃/100 m，根据地热软件模拟推测 3 000 m 温度可达 200℃，属于经济性非常好的干热岩资源。

但目前 EGS 的开发尚处于现场试验研发阶段，其商业性开发还面临着技术、资金、政策和民众接受程度等诸多方面的挑战。其中，干热岩地热地质勘查、深部钻探、储层建造、场地的模型建立与多场耦合数值模拟等，是整个 EGS 开发中的难点和关键问题，也是高效开发干热岩资源的关键所在。

3.3 主流地热能取热技术对比

3.3.1 水源热泵技术

热泵是一种充分利用低品位热能的高效节能装置。地源热泵是一种利用浅层地热能（包括地下水、土壤或地表水等的能量），既可供热又可供冷的高效节能系统。根据换热介质的不同，一般将广义的地源热泵系统分为两类：水源热泵（地下水、地表水）与土壤源热泵系统（竖埋管、水平埋管）。

水源热泵，是一种利用地球表面浅层水源（如地下水、河流和湖泊）或人工再生水源（工业废水、地热尾水等）既可供热又可供冷的高效节能空调系统。

3.3.1.1　技术原理

水源热泵技术是利用热泵机组实现低品位热能向高品位的转移，将蕴藏于江、河、湖泊、深井水、地表水中的大量不可直接利用的低品位热能提取出来，变成可直接利用的高品位热能的原理，其工作原理图如 3-2 所示。地球表面浅层水源（如深度在 1 000 m 以内的地下水、地表的河流、湖泊和海洋）吸收了太阳进入地球的辐射能量，这些水源的温度一般都十分稳定。水源热泵机组的工作原理是在夏季将建筑物中的热量转移到水源中，由于水源温度低，所以可以高效地带走热量；而冬季，则从水源中提取能量，由热泵原理通过水作为载冷剂提升温度后送到建筑物中。通常水源热泵消耗 1 kW 的能量，用户可以得到 4 kW 以上的热量或冷量。水源热泵无论是在制热还是制冷过程中均以水为热源和冷却介质。

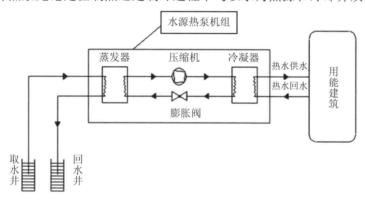

图 3-2　水源热泵系统工作原理

水源热泵可分为两大类，即地表水源热泵和地下水源热泵。地下水源热泵系统的热源是地下水。地下水水温波动较小，因为水的比热容高，所以换热能力很高，一般适用于地下水水量充沛、岩土体孔隙率大的地区。但地下水完全回灌能力差，维护量很大，并且潜水泵的耗能很高。地表水源热泵系统热源为以江、河、湖、海等地球表面的水体作为热源的可以进行制冷、制热循环的一种热泵，在制热的时候以水作为热源，在制冷的时候以水作为排热源。其占地面积较小，且换热能力较强，一般适用于地表水水体面积、深度较大，地表水流量、流速较高且水流稳定的地区。

水源热泵根据对水源利用方式的不同，可以分为闭式系统和开式系统两种。闭式系统是指水侧为一组闭式循环的换热盘管，该组盘管一般水平或垂直埋于湖水或海水中，通过与湖水或海水换热来实现能量转移（该组盘管直接埋于土壤中的系统称为土壤源热泵，也是地源热泵的一种），这种方式最大的优点在于它不会因地表水水质过差而影响管路，避免发生阻塞，无须对水资源进行处理，使用起来更加方便。开式系统是地表水在循环泵的驱动下，经处理直接流经水源热泵机组或通过中间换热器进行热交换的系统，开式系统初投资低、水质差，对主机存在一定程度的影响。

3.3.1.2　技术特点

水源热泵技术在供热、供冷市场上占有一席之地，有无污染、占地面积小、土建费用低、一机多用、安全可靠、运行维护简便、自动化程度高，使用寿命长等特点。

一种可再生能源利用技术。水源热泵是利用地球水体所储藏的太阳能资源作为热源，利用地球水体自然散热后的低温水作为冷源，进行能量转换的供暖空调系统。其中可以利用的水体，包括地下水或河流、地表的部分河流和湖泊以及海洋。地表土壤和水体不仅是一个巨大的太阳能集热器，收集了 47% 的太阳辐射能量，是人类每年利用能量的 500 多倍（地下的水体是通过土壤间接接受太阳辐射能量），而且是一个巨大的动态能量平衡系统，地表的土壤和水体自然地保持能量接收和发散的相对均衡。这使得利用储存于其中的近乎无限的太阳能或地能成为可能。可见水源热泵本质上是利用太阳能作为动力来源从而进行热量转换的供热、供冷空调技术，所以水源热泵利用的是可再生清洁能源，同时其环保效果显著，夏季空调因不需要传统的冷却塔而无噪声污染，冬季机组因不存在燃烧过程而无灰渣烟尘污染。

水源热泵技术利用贮存于地表浅层近乎无限的可再生能源，可为人们供冷、供热，成为当之无愧的可再生能源的一种形式。所以说，水源热泵是利用清洁可再生能源的一种技术。

高效节能。水源热泵是目前空调系统中能效比（COP）最高的供冷、供热方式，理论计算可达到 7，实际运行为 4～6。水源热泵机组可利用的冬季水体温度为 12～22℃，水体温度比环境空气温度高，所以热泵循环的蒸发温度提高，能效比也提高。而夏季水体温度为 18～35℃，水体温度比环境空气温度低，可以作为冷凝器的冷却水源，其冷却效果好于风冷式和冷却塔式，从而提高机组运行效率。水源热泵消耗 1 kW·h 的电量，用户可以得到 4.3～5.0 kW·h 的热量或 5.4～6.2 kW·h 的冷量。与空气源热泵相比，其运行效率要高出 20%～60%，运行费用仅为普通中央空调的 40%～60%。

稳定、经济。水源热泵目前在供热、供冷空调中应用，节约常规能源，主要体现在一机多用上，夏季可以利用其供冷，冬季可以利用其供热采暖，在过渡季节还可以利用其设备向建筑物供给生活用水，从而减少了系统全年运行费用和设备的初投资。

另外，浅层地表水体（尤其是深井水）因为上面土壤层的隔断、蓄热作用，其水温一年四季变化不大且较为恒定。水源热泵通常为自动化控制程度较高的模块式组装机组，操作灵活且维修便利，这些都可以使水源热泵系统更加平稳运行。水源热泵机组的空调系统是可以基本保证全年用户的使用需求，特别是春秋空调过渡季节均能平稳运行，相当于四管制空调系统工作。一般水源热泵供水、回水的温度一年四季相对稳定，其波动的范围远远小于空气的变动。夏季，水体作为空调的冷源，冬季，作为空调的热源。水体温度较恒定的特性使得热泵机组运行更可靠、稳定，也保证了系统的高效性和经济性。

水源热泵系统运行高效、稳定，但是在实际工程的应用中还存在一定的条件限制：①由于地理环境、水域环境的区别，水源热泵的使用投资、运行成本差别也比较大。一般的闭式系统投资运行成本较高；开式系统对水质的要求比较高，清洁度、温度、水量大小成为制约水源热泵开式系统的重要约束条件。②地下水源热泵的使用既要找到合适的位置打井，又要考虑当地的土壤、地质条件，确保回灌水完全回灌才可以使用。③由于不同地区水质条件有所区别，水源热泵的开发费用相差较大，水源热泵的运行费用比传统的空调、采暖系统费用有所节省，但是地区不同时，开发水源热泵空调的费用差别也会较大。

3.3.1.3 发展及应用现状

水源热泵技术在国外经历了一个多世纪的发展，然而水源热泵真正在商业项目上的应用只有几十年历史，但是其发展非常迅速。在 1912 年瑞士的一份专利文献中首次提出了"地源热泵"的概念。1928 年，挪威哈尔登在住宅项目中安装了第一台示范性的水源热泵系统，后来由于技术和经济上的原因，水源热泵技术的发展有所停滞，直到 20 世纪 50 年代，受科技快速发展和燃料价格大幅上涨的影响，国外对热泵技术开展了积极的研究工作，并且很快就有了较大的进展。1973年，在能源危机的推动下，热泵技术的发展达到了一个高点。

美国从 20 世纪 80 年代就开始对地源热泵开发投入了大规模的研究，从 1985年开始，地源热泵投入商业应用，每年都以约 9.7% 的速度稳步增长，到 1998 年，在商业建筑中地源热泵系统占空调总保有量的 19% 左右，而在新建筑中的应用占比达到 30%。同时，地源热泵在欧洲、日本及其他发达国家也得到了广泛的应用，并形成了以发展大型热泵机组或热泵站为主的特点，美国、日本则形成了以中、小型热泵技术领先的格局。中欧、北欧海水源热泵的研究和应用得到了充分的重视。俄罗斯根据其自身的特点和具体情况，研发了两项新技术，一是在天然气输送过程中，依靠减压发电技术驱动热泵供冷和将从城市污水、河水及电厂冷却水中回收的余热、废热用于供暖；二是利用水力发电站下游河水作为低温热源进行热泵供热。

我国对于水源热泵的研究起步比较晚，但是发展速度很快。20 世纪 50 年代初，我国在上海、天津等地尝试用水源热泵系统制冷，天津大学热能动力研究所的吕灿仁教授最早开展水源热泵的研究工作，1965 年，吕灿仁成功研制出了我国第一台水冷式热泵空调机组。到 20 世纪 80 年代初期，随着经济高速发展和人民生活水平的日益提高，能源短缺和环境污染问题日益突出，为了能够可持续发展，我国很多高校和科研院所，如清华大学、天津大学、华中理工大学、哈尔滨工业大学、中科院广州能源所等对热泵技术做了大量的研究工作，并且取得了非常显著的科研成果。2005 年，我国建设部、国家质量监督检验检疫总局联合发布了《地源热泵系统工程技术规范》（GB 50366—2005），这为我国地源热泵系统的设计、施工提供了科学可靠的技术依据。

　　然而对于水源热泵系统技术的研究，国内目前主要是针对机组热力学分析、经济性分析及地下换热系统的数值模拟分析等。相比国外的研究，国内在水源热泵机组的优化设计、工程实际应用等方面还有很大的差距。目前，已经建成的水源热泵系统中，很多实际工程都存在着地下水回灌不足的问题，导致对地下水造成了严重的污染和浪费，未来发展需继续攻克难题。

3.3.1.4　水源热泵技术应用案例

　　（1）项目简介——南京鼓楼高新技术产业园区区域供冷供热项目

　　江水源热泵技术应用案例。南京鼓楼高新技术产业园区区域供冷供热项目位于南京河西新城区北部，该园区总占地面积 119 万 m²，规划总建筑面积 231.71 万 m²（地上面积 191.57 万 m²，地下面积 40.14 万 m²），平均容积率 1.7，建筑密度 17.3%，绿化率 37.3%。项目建设周期计划为八年，分设两个能源中心，分两期建成。其中一期工程，即第一能源中心，建设周期为两年。一期能源中心为地下建筑，建筑面积为 5 000 m²，采用长江水源热泵空调，夏季利用长江水冷却，冬季提取长江水低品位热能供热。园区规划如图 3-3 所示。

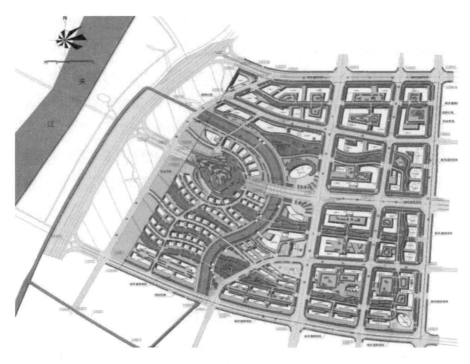

图 3-3　园区规划

（2）系统设计

项目设计采用江水源热泵+冰蓄冷技术+区域供冷供热方案。能源站分两期进行，第一期能源站设在内河东侧，满足综合研发区、部分研发配套区、酒店公寓以及住宅的空调需求。第二期能源站设在内河西侧，为研发区、部分研发配套区提供空调冷水。区域系统为了满足部分建筑的需求，将 24 h 连续运行，系统在低负荷率下运行时间较长，对系统能效比造成很大的影响，而影响能效比最主要的是管网的热量损失和水泵的耗能，因此区域供冷供热的管网设计是重点之一。通过增大供回水温差，减少输送水量，降低水泵能耗。管网采用直埋方式、聚氨酯保温。

园区空调计算负荷如表 3-2 所示，根据前期的供冷供热负荷估算，空调供冷负荷为 220.426 MW，空调供热负荷为 114.805 MW。按夏季供冷负荷计算取水量，热泵机组制冷 COP 为 5.65，夏季设计江水供回水温度 29℃/37℃，计算所需江水量为 8 298.3 m³/h，取 1.2 的富余系数，江水量为 9 957.9 m³/h。若按冬季供热负荷计算取水量，热泵机组供热 COP 为 4.52，冬季设计江水供回水温度 7℃/4℃，计算所需江水量为 8 771.5 m³/h，取 1.2 的富余系数，则为 10 525.8 m³/h。设计江水取水量可定为 11 000 m³/h。

表 3-2　园区区域供冷供热项目空调负荷情况

功能		建筑面积/万 m²	计算供冷负荷/kW	供冷负荷指标/（W/m²）	计算供热负荷/kW	供热负荷指标/（W/m²）
一期	住宅	21.2	17 052	80.43	11 139	52.54
	办公	93.1	108 013	116.02	53 925	57.92
二期	酒店	18.4	21 350	116.03	12 897	70.09
	办公	63.8	74 020	116.02	36 844	57.76

（3）取水设计及水处理

由于江水含沙量过高，不满足水源热泵机组要求，本项目采用初滤—沉降—旋流除沙—自动反冲洗过滤—清水过滤器—进机组的方案。江水经引水渠引入沉淀池，经过过滤、沉淀等处理后，进行除沙处理，最终使得含沙量降为 15 mg/L，浑浊度 5.6 NTU，总硬度 135 mg/L。最后通过水泵直接送入热泵机组的蒸发器或冷凝器进行换热。配合自动清洗设备及手动清洗设备，在技术措施上能够避免机组内结垢腐蚀等。

经过处理的江水经热泵机组换热后，可加以综合利用，流程如图 3-4 所示。水源热泵机组的出水分四个部分：第一部分，进尾水处理站，经过适当处理后用于园艺灌溉、道路浇洒及洗车；第二部分，排入人工湖作景观用水，经过河道最终排入长江；第三部分，用于改善内河水环境，由于处理水质较好，同时，实测冬季秦淮河水温比长江水温低 2~3℃，而夏季则略高于长江水温，且尾水水质在 V 类以上，将尾水排入秦淮河不仅不会破坏秦淮河生态环境，还可以从一定程度上改善秦淮河的水质；第四部分，送入水厂，经过综合处理后送达用户。由此可见，从长江取水经过处理、换热后，尾水经过综合利用，大大提升了水系统运行效益，对经济、环境具有正面影响。

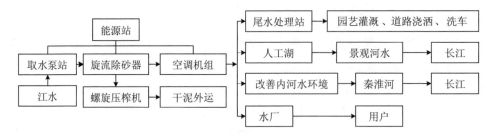

图 3-4   江水综合利用流程

（4）效益分析

1）节能环保效益

经测算，项目建成后，较常规空调系统全年用电量预计减少 40%，全年节能 8 327.7 t 标准煤，每年至少可以减少 25 000 tCO$_2$ 排放，NO$_2$、SO$_2$ 等污染物的排放量也相应减少。

由于江水源热泵将冷热量排至江水中，而且不会对江水生态造成恶劣影响，同时在局部可以降低空气温度 2～3℃，以风速 3 m/s 作为参考，在公共活动中心 100 m 高度范围内可以有效降低空气温度 0.1℃，大大缓解了城市热岛效应。换热后尾水的综合利用承担了园区内的景观、绿化和灌溉用水，并对附近原有的季节性断流地表水系统进行了贯通，促进了区域水系统的循环和水质改善，提高了其自净能力。江水源热泵系统与传统的空调形式对比如表 3-3 所示。

表 3-3   江水源热泵与传统空调形式对比

项目	配电容量	机房面积	机房人员	天然气消耗	能源效率	冷却水损耗
区域供冷	35 031 kW	5 500 m^2	68 人	296 m^3/h	4.2%	5 万 m^3/a
传统方案	76 154 kW	18 400 m^2	460 人	9 338 m^3/h	3.7%	54 万 m^3/a
节省比/%	54	70	85	97	14	91

2）经济效益

按江水源热泵系统能效比（COP）：夏季 4.08，冬季 3.53 计算。夏季制冷按 120 d 计算，负荷系数取 0.7，电价取 10 kV 高压配电价格，则夏季耗电量约 12 136 807 kW·h，夏季电费约 961.2 万元。冬季供热取 90 d，负荷系数取 0.7，冬季耗电量约 6 890 562 kW·h，电费约 545.7 万元。

江水源热泵区域供冷供热系统全年耗电量为 19 027 369 kW·h，折算为 6 849.8 t 标准煤，全年电费为 1 507.0 万元。相比常规风冷热泵系统，每年可节省一次能源 3 965.6 t 标准煤，年运行费用节省 935.5 万元。

（5）优势及推广范围

1）江水可以作为节能环保的空调冷热源，是可再生能源的一种利用方式。与空气相比，江水水温夏低冬高，且相对稳定，更适于作为空调系统的冷热源。应用江水源热泵可以降低建筑能耗，减缓城市热岛效应，改善人居环境。

2）江水源热泵在长江流域有着广阔的应用前景。随着我国长江流域经济增长，空调负荷的需求量逐步增大，江水可以为沿江建筑提供能源规划范围内的冷热量，可以作为我国建筑节能的一项产业来发展。

3）江水源热泵系统涉及一系列成套技术及处理措施。尽管应用江水源热泵技术难点多，但只要结合实际条件，创造性地运用先进技术，这些问题都是可以解决的。

3.3.2　土壤源热泵技术

3.3.2.1　技术原理

土壤源热泵是一种以土壤作为热源或冷源的地源热泵，由一组水平或竖直埋于地下的高强度塑料管（地埋管换热器）、热泵机组以及室内末端系统构成，又称地埋管地源热泵、岩土耦合地源热泵，原理如图 3-5 所示。土壤源热泵系统是利用地下土壤中的热量进行闭路循环所形成的系统体系。将热泵的换热器置于地下，与大地进行热量交换，通过循环液，在密闭的地下埋管中流动，从而实现系统与大地之间的热传导。冬季，系统从地下收集热量，将其带入室内；夏季，系统逆向运行，从室内带走热量，将其转入地下土壤。

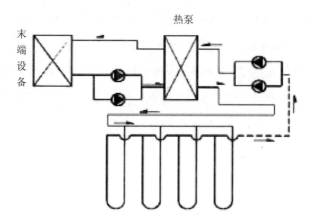

图 3-5 地埋管土壤源热泵系统工作原理

土壤源热泵按照其换热器埋管方式分类，可分为水平埋管和竖直埋管两种方式。水平埋管是在土壤浅层以平铺的方式布置，一般在地表土壤下 3~15 m 的位置，较易受到外界环境因素影响，运行稳定性差，施工简单，初始投资较低，占地面积大，适合在人口密度较低的地区使用。由于我国城市人口密集，这种埋管方式采用的较少。竖直埋管是在地面钻孔，以垂直的方式埋设于土壤中，由于埋设较深，不易受到外界环境因素影响，需要考虑土壤中冬季为建筑供热的放热量与夏季为建筑制冷的吸热量之间的热平衡性。初期施工较为复杂，投资费用高，后期维护费用少，占地面积小，十分适合人口密集地区使用。

3.3.2.2 技术特点

（1）技术优势

最近十多年对可再生能源在政策上越来越重视，技术上开拓创新，土壤源热泵技术水平得到迅速提高，工程应用得到大力推广。我们可以发现，土壤源热泵对地热能的应用相较其他能源应用方式有着诸多优势。

1）环保节能、成本低

土壤源热泵系统利用水作为介质来获得地下土壤的热能，冬季可以作为热泵的热源代替常规热源供暖，而夏季又可作为空调制冷的冷源代替常规冷却塔制冷，仅需少许电能供应就可运行，节能效果显著。机组在运行中，不消耗水，占地面积小，对环境基本无污染，具有显著的环保作用。同时，由于无燃烧过程，不会释放出 CO_2、SO_2 等污染性气体，无需堆积燃料的场所；污染物的排放量比空气源热泵减少 40%左右，比电供暖减少 70%左右；制冷剂的泄漏率也因充灌量仅有常规空调系统充灌量的 75%左右而大幅度降低，土壤源热泵技术是一种环境友好型的能源应用技术。

此外，地下土壤温度恒定，土壤源热泵不需要传统中央空调的锅炉房和冷却塔，不仅省去了供热水和冷水的费用，而且也省去了相当大的建筑使用面积，耗电量相较于传统中央空调节省了 30%～60%；系统运行稳定，不会出现空气源热泵中结霜现象导致的额外耗能，相较于空气源热泵节约了 3%～30%的能耗，性能系数高出 40%左右；根据美国国家环境保护局的估测，若土壤源热泵系统在设计、安装方面表现良好，运行费用就可以比传统空调节省 30%～40%。

2）系统稳定可靠

相对于空气源热泵来说，土壤源热泵利用的是土壤中蓄存的稳定的地热能，主要来自土壤对太阳能的收集。土壤对太阳能的吸收率高，大约可以吸收照射地球太阳能总量的 47%，等于人类每年能量利用量的 500 多倍。土壤源热泵系统具有热容量巨大、所含热能近乎无限、不受气候环境变化影响、全年温度基本稳定等优点，因此土壤源热泵系统不像空气源热泵那样容易受到外界影响，运行效率较高。

另外，我国应用的土壤源热泵主要采用竖直埋管的方式，由于埋设位置较深，土壤温度受地表气候影响非常小，甚至可以忽略。而空气源热泵在气温处于−5℃以下时就难以正常运行，要辅以辅助热源，并定期进行除霜。土壤源热泵相较于空气源热泵,更加稳定可靠,而且埋地管采用聚合塑料制成,寿命可达数十年,比普通空调系统使用的年限更久。

3)灵活性高

土壤源热泵可采用多级分集水器,由多个机组分别控制该区域地下埋管回路,在负荷较大时,各机组可同时运行保证冷热量的供应;在负荷较小时,可启动闭部机组及地埋管回路,有效减少能源浪费,提高整个土壤源热泵系统的运行效率。

此外,土壤源热泵可以采用分户计量的方式计费,不仅减少了设备费用,也方便了后期对系统的管理工作;还可以分期逐步施工,有利于资金周转,这意味着缩短了施工周期的总时间,适用范围广,我国大部分地区均可应用。

(2)技术劣势

土壤源热泵作为一种节能环保技术,已受到业界广泛关注,但是在广泛应用过程中仍存在以下缺点:

1)长期运行导致地热不平衡。土壤源热泵地下埋管系统在土壤中进行连续吸热放热,会导致土壤温度出现大幅度的波动,从而破坏地下局部土壤的热平衡,导致冬季采暖时土壤温度降低、夏季制冷时土壤温度升高等,直接影响了热泵系统的持续运行效率,同时在冬季工况下有可能因为取热过多而导致土壤冻结,这都严重影响了土壤源热泵的性能。

2)初期投资较大。由于地下土壤热阻较大,能源品位较低,而且地下埋管内流体介质与地下土壤之间热交换效率较低,因此地下埋管系统的布置通常需要比较大的面积或者埋管深度增加,即需要进行一定深度的钻孔或者开挖较多的土壤。土壤源热泵室外部分施工量较大,钻孔较深,土壤回填土应填实,这部分所需费用达到初期投资的50%以上,这直接导致了初期较大的投入。

3)对系统设计施工要求高。要保证土壤源热泵能够高效持久运行,尽可能接近理论值,这要求整个工程从项目设计到施工都要具备较高的技术水平,而在现实中,往往因缺少具备相关能力的人才,而使得土壤源热泵工程竣工运行达不到理想的预期,该项技术的进一步推广与应用也在某种程度上受限于此。

3.3.2.3 发展及应用现状

土壤源热泵的概念最早在 1912 年提出,但大规模的应用是在第二次世界大战以后,在欧洲和北美兴起。1973 年,在欧美等国开始的"能源危机"重新唤醒人们对土壤源热泵研究的兴趣和需求,特别是北欧国家如瑞典等。瑞典在短短几年中安装了土壤源热泵装置 1 000 多台(套)。美国从 1977 年起,重新开始了对土壤源热泵的大规模研究,最显著的特征就是政府积极支持与倡导。进入 20世纪 90 年代,土壤源热泵的应用和发展进入了一个新的发展阶段。目前,土壤源热泵在欧美的热泵装置市场占有份额大约是 3%。

从土壤源热泵技术的实验研究方面来说,各国的研究机构都是以建立物理模型的方式来模拟实际运行工况的,土壤源热泵的物理模型,由微缩简化的机房和室外部分组成,微缩简化的机房模拟机组夏季提取冷量、冬季提取热量,包括加热、制冷设施和循环设备;室外部分模拟地埋管和周围岩土体换热情况,简化的模型还包括相关的测量设备,进出口的温度、流量及温度场的监测设备;但大多数国家的研究机构主要模拟土壤源热泵系统的夏季运行工况。

土壤源热泵系统在我国的应用与研究起步较晚,直到 2000 年前后,土壤源热泵才开始成为一个非常受重视的研究课题。1989 年,山东青岛建筑工程学院成立了国内第一个土壤源热泵实验室,进行了水平平铺埋管土壤源热泵供冷供热的性能研究,以及垂直 U 型埋管土壤源热泵的供热供冷性能的实验研究。1998 年,山东建筑工程学院地源热泵研究所采用聚乙烯垂直地源热泵装置安装了一个土壤源热泵工程实例,并对垂直 U 型管进行了试验研究以及地埋管换热机理研究。从1999 年开始,同济大学张旭等进行了土壤与太阳负荷热源的研究,重点针对长江中下游地区含水率较高的土壤的蓄放热特性进行测试。湖南大学从 1998 年开始建立了水平埋管地源热泵实验装置,根据自编的水平埋管换热器换热分析程序,进行了水平埋管换热器夏季换热工况的测试,研究了地埋管换热器的瞬态换热工况。从 1999 年开始,重庆建筑大学进行了浅埋竖直管换热器地源热泵的供暖和供冷特性研究。

21 世纪以来，国内对地源热泵技术进行了大力推广和普及，与热泵相关的专利和研究文献数量得到快速地增长。2004 年年底，我国已有 80 多家从事热泵机组制造相关行业的厂家；截至 2009 年年底，与地源热泵设计、制造与管理相关的企业已达 400 余家，地源热泵系统在我国得到普遍应用。北京奥运村、沈阳世博园、国家大剧院以及一些比赛场馆等标志性建筑中都应用了土壤源热泵。

3.3.2.4 土壤源热泵技术应用案例

（1）项目简介——陕西西咸新区沣西新城总部经济园 8/9/10 号楼项目

总部经济园 8/9/10 号楼项目，位于陕西西咸新区沣西新城总部经济园内。总部经济园总建筑面积 530 800 m^2，其中地上建筑面积为 399 500 m^2；地下建筑面积为 131 300 m^2，地下停车位 3 445 个。其中，8/9/10 号楼总建筑面积为 4.2 万 m^2，为一星级绿色建筑，有外墙保温系统和屋顶保温系统。按照居住建筑节能设计标准，考虑外界环境不可预见因素，本项目总体夏季冷负荷指标 155 W/m^2，冬季热负荷指标 108 W/m^2。设计供冷负荷 3 795 kW，设计供热负荷 2 640 kW，满足该项目 4.2 万 m^2 办公建筑供能需求。项目主要采用土壤热泵机组与水冷冷水机组结合进行供冷，土壤热泵机组进行供热。系统示意图如图 3-6 所示。

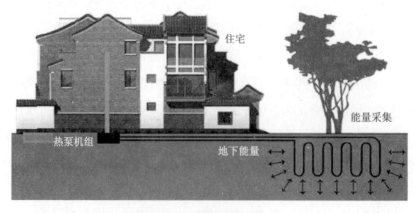

图 3-6　土壤源热泵系统

（2）系统设计

土壤源热泵系统设计由 2 台土壤源热泵机组+1 台水冷冷水机组组成，土壤换热地埋孔 317 口，孔深为 180 m，孔径为 200 mm，孔间距为 4.5 m，所占地埋面积约为 6 400 m²。根据西安地区地质资料和场地条件，采用竖直双 U 埋管的形式，换热管采用管内径 32 mm、管外径 25 mm 的 PE100 聚乙烯管。项目所在地钻设 120 m 深孔，室外布 323 个换热孔，占地面积约为 8 075 m²。地埋系统分区分级设置，且每个区域内设计土壤温度采集点。为了保障供能效果，系统设计采用加厚优质橡塑保温管，主机房地源侧与土壤换热器之间的连接采用无缝钢管焊接技术。主要设备如表 3-4 所示。

表 3-4　土壤源热泵系统主要设备

设备及材料	规格参数	数量	备注
土壤源热泵机组	制冷量：1 450.3 kW 制冷功率：207.4 kW/380 V	2 台	
螺杆式水冷机组	制冷量：914.3 kW 制冷功率：156.2 kW/380 V	1 台	
用户侧冷却水循环泵	流量：220 m³/h，扬程：30.0 m	2 台	一用一备
用户侧冷冻水循环泵	流量：180 m³/h，扬程：33.0 m	2 台	一用一备
热源侧循环泵	流量：330 m³/h，扬程：40.0 m	3 台	二用一备
用户侧空调循环水泵	流量：280 m³/h，扬程：37.0 m	3 台	二用一备
热源侧定压补水装置	流量：6 m³/h，扬程：10.0 m	1 台	
用户侧定压补水装置	流量：6 m³/h，扬程：80.0 m	1 台	

（3）运行效果

该项目功能的末端采用风机盘管，冬季利用土壤源热泵机组供热，供回水温度为 45℃/40℃，夏季利用土壤源热泵机组搭配冷水机组供冷，供回水温度为 7℃/12℃。该项目自 2016 年投运以来，冬季可保证室内温度稳定达到 20℃以上，供暖效果可靠；夏季供冷温度适宜，效果良好。

（4）优劣势分析

1）优势分析

一是能效较高，运行成本低。该系统 COP 值可以达到 4.6 以上，即通过电能驱动机器运转从地下交换获取相当于所消耗电能的 4.6 倍的热量进行供热采暖，相较于其他"煤改电"技术路线，耗电少，效率高，成本低。

二是无污染排放。浅层地热能源自深层地壳传递热，不受环境、季节影响。在北方地区即使在冬季气温零下十几摄氏度时，浅层地表也可常年保持恒温 15～17℃，避免了空气源热泵常见的冬季结霜隐患，而且该系统通过热交换完成采暖，只采热不燃烧，是单一的物理过程，实现了真正的零排放、无污染。

三是功能多样。该系统同时具备冬季取暖、制备热水，夏季供冷的功能。

2）劣势分析

一是初期投资高。全面推广靠财政补贴，难以维系。二是受地质环境影响较大。地源热泵系统主要适用于地表至地下 120 m 深度范围无岩石层或岩石层较少、松散地质条件的平原地区，否则打井难度增加，会使费用大幅增加。三是受制于地埋深度，较浅的深度需要较大的地埋面积。根据推算，每供 1 万 m^2，需要约 1 500 m^2 的地埋面积用于打井和埋管。

（5）适用推广范围

从地质条件因素考虑，土壤源热泵技术适合在土层深厚松散的平原地区大面积推广。只适用于低建筑密度的办公楼、酒店或具有供冷、供热需求的项目，不适用于单供热或单供冷的建筑，适用范围较为局限。

3.3.3　水热型地热技术

3.3.3.1　技术原理

水热型地热供热技术是通过向中深层岩层钻井，将中深层地热水直接采出，以地下中深层地热水为热源，由地面系统完成热量提取，用于地面建筑物供暖的技术。通常分为地热水直接供热、地热水间接供热以及地热水耦合热泵供热。

　　地热水直接供热，是利用深井潜水泵从生产井抽取中深层地热水，经输水管网送至储水池，然后通过二次水泵将水加压直接送至用户采暖末端进行供暖，供暖降温后的地热水经输水管网送至回灌井进行回灌，如图 3-7 所示。

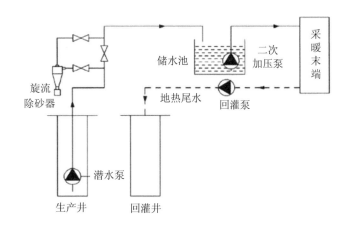

图 3-7　地热水直接供热原理

　　地热水间接供热，即采用中间板式换热器换热的方式，利用深井潜水泵从生产井抽取中深层地热水，经输水管网送至板式换热器，利用换热器进行热交换将热量传递给供热循环水，此时地热水为一次水，供暖循环水为二次水，两路水通过中间板式换热器换热隔开，供热循环水从地热水中转换出的热量送至用户供暖，温度降低后的地热水经输水管网送至回灌井进行回灌，如图 3-8 所示。

　　地热水耦合热泵供热，以地热梯级利用的方式，利用深井潜水泵从生产井抽取中深层地热水，经输水管网首先送至一级板式换热器，通过一级板式换热器与用户侧进行换热，其次将温度降低后的地热水送至二级板式换热器，通过二级板式换热器继续提取地下水的剩余热量作为热源水，经过热泵机组的二次利用，将更高品位的热水供给用户侧使用，经二级板式换热器换热后的地热水由输水管网送至回灌井进行回灌，如图 3-9 所示。

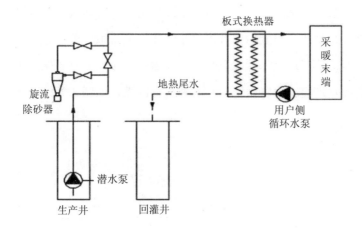

图 3-8　地热水间接供热原理

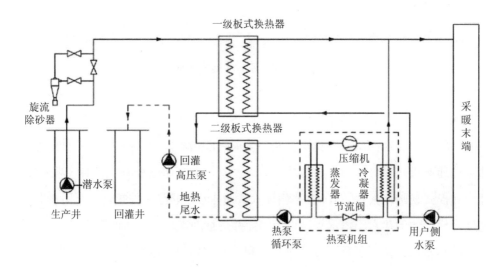

图 3-9　地热水耦合热泵供热原理示意

3.3.3.2　技术特点

地热水间接供热利用深井潜水泵从开采井提取地热水，经地热管线送至换热器，利用换热器进行热交换将热量传递给供热循环水，温度降低后的地热水经输水管线送至回灌井进行回灌；获取热量、温度升高的供热循环水，由供热管线送至热用户，供热用户利用热能，温度降低后的供热循环水经供热管线输送至换热器再次换热获取热量、提高温度，如此周而复始地循环。

该工艺相对简单、造价低，可减轻地热水对供热管线和用热末端的腐蚀，降低生产运营和维护的费用，提高项目有效运营周期。

1）高效节能：直接抽取地热水，换热效率高，取热量和供热面积大，初始费用与运营费用要远低于集中供热和燃气锅炉供热。

2）节能环保：环境效益巨大，利用中深层地热水供热可以有效减少污染物的排放，节能减排效果显著。

3）系统设备少：运行管理方便，通过板换直供的方式为末端供热，省去了热泵输配系统。

该项技术利用的局限性如下：

1）结垢和腐蚀严重：地热水普遍存在着矿化度，对输水管网和设备造成腐蚀，降低了换热效率。地热水在流动过程中，易造成结垢，堵塞管道，威胁系统运行的安全。

2）地热尾水回灌率低：由于回灌技术限制，存在着中深层地热尾水回灌率低的问题，不仅造成了资源浪费，也对地面土壤、河流产生污染，对地热资源可持续开发带来阻碍。

3.3.3.3　发展及应用现状

水热型地热能的开发利用主要用于供暖、温泉疗养、种植等方面，该方式主要以抽取深层地下热水的形式进行。由于通过该方式开发地热能简单方便、经济性好，近 10 年在国内发展迅速，特别是在地热供暖利用方面，从河北省雄县到陕西省咸阳市再到北京、天津、山东等地，开发水热型地热能用于供暖已形成规模化发展。

水热型地热供暖的主要热源是地下水。水热型地热供暖技术，即通过开挖地下井，获取地下水资源，将地下水资源中的热量进行转换，传递到供热管道中，提供给各个用户使用。随着科学技术的不断进步，该技术逐渐朝着大规模、高效率方向发展，并且成为我国新能源供暖的重要技术手段。当前我国对于水热型地热供暖技术的应用已经达到了世界前列，地热能的利用位居世界首位。但在该类技术的研发中，由于我国相关设备工艺落后，缺乏先进高端的综合型人才，所以相比于发达国家还有一定的差距。尽管如此，目前我国水热型地热供暖技术装置和设备也逐渐实现了自动化和信息化，这将推动我国地热开发技术朝着更加先进的方向发展。

3.3.3.4　水热型地热供热技术应用实例

（1）项目简介

项目名称：陕西省咸阳市华府御园地热取暖项目

该项目位于咸阳市世纪大道西段三号桥南口，东临三号桥。2014 年建成运行，供暖面积 16.6 万 m^2。项目供暖流程如图 3-10 所示。

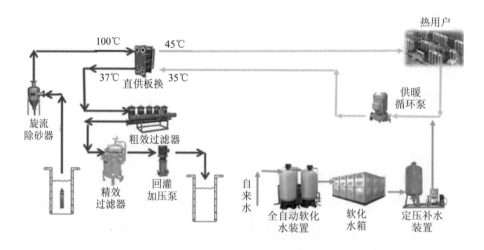

图 3-10　华府御园地热站供暖流程

（2）技术路线及工艺流程

本项目共钻凿 2 口地热井，其中奥星 1# 井口水温 106℃，出水量 123 m^3/h，取水段为 2 584～3 588.6 m；奥星 2# 井口水温 72℃，出水量 80 m^3/h，取水段为 1 505.1～2 532.5 m。地下热水（106℃）经板式换热器换热到 37℃后，经过滤后处理加压回灌至地下，在这个过程中热量传递至取暖系统。取暖系统循环水经板式换热器提取地热水热量供给采暖用户，采暖循环水回水温度为 45℃/35℃，地热能转化成供热产品。总设计采暖负荷 6 640 kW，主要供热设备如表 3-5 所示。

表 3-5　华府御园地热站主要设备

设备名称	规格	数量	备注
低区板换	换热面积 53 m^2	1 台	
高区板换	换热面积 46 m^2	1 台	
低区循环水泵	流量 360 m^3/h	2 台	1 用 1 备
高区循环水泵	流量 160 m^3/h	3 台	2 用 1 备
软化及补水装置		1 套	
尾水加压泵	流量 100 m^3/h	2 台	1 用 1 备
回灌泵	流量 100 m^3/h	2 台	1 用 1 备
粗效过滤器	处理水量 100 m^3/h，精度不高于 25 μm	1 套	
精效过滤器	处理水量 100 m^3/h，精度不高于 2 μm	1 套	

（3）效益分析

1）环保效益

截至 2018 年年底，该项目共节约 10 467.2 t 标准煤，减排 CO_2 25 714.8 t、SO_2 63.3 t、NO_x 75.2 t 和粉尘 14.1 t，环保效益良好。

2）经济效益

该项目总投资 2 781.12 万元，共收取暖费 1 018.25 万元、配套费 620.20 万元，支付运行成本 452.1 万元（不含项目折旧费、企业经营成本）。税后收益率为 5.89%，税后投资回收期 12.8 年。

详细情况：①项目全部建成后，完成建设投资 2 730.14 万元，融资利息 50.89 万元，总投资 2 781.12 万元。②地热供暖价格与燃煤等供热价格相同，取暖费 21.6 元/m²。配套费 40.8 元/m²。截至 2018 年，共收取暖费 1 018.25 万元，收费率为 90%，配套设施费 620.20 万元。③截至 2018 年，共缴纳电费 71.45 万元、水费 3.66 万元、人工费 18.98 万元，其他费用 158.36 万元，缴纳销售税金及附加税 6.44 万元，缴纳调整所得税 193.21 万元。④项目于 2014 年建成投入运行，按照运营期 20 年评价，项目实际税后收益率为 5.89%，税后投资回收期 12.8 年。

（4）优劣势分析

1）优势分析

一是地热资源禀赋好，首先地热资源温度高，水量大。典型项目钻凿的奥星 1# 井水温达到 106℃，水量 123 m³/h，仅一口井供热能力就能够达到 30 万 m²。其次是热储层数多，厚度大，可利用的热储厚度超过 1 000 m。

二是梯级利用地热尾水。地热资源开发可持续项目采用砂岩回灌、梯级利用、定向钻井和间接换热等先进技术。中国石化经过 10 年的持续研究，在咸阳市攻克了砂岩回灌技术，地热水开采出来，热量用尽后，地热尾水不排放，而是利用砂岩回灌技术回注至原储层，保证了地热资源的可持续开发。采用梯级利用技术提取地热尾水中的低温热能，进一步降低尾水温度，再回灌入原储层，地热资源利用效率进一步提高。

2）劣势分析

地热供暖项目保本微利，快速发展存在困难。

一是在实际运行中，初期由于新建小区入住取暖用户很少，供暖费收入很低，虽然随着入住用户增加，供暖费收入也逐年上升，但项目税后投资回收期仍长达 13 年，企业回笼资金压力大，新项目滚动开发存在困难。

二是运行成本约为供暖费收入的 45%，该项目虽然依靠供暖费能够实现正常供热和维护，但整体盈利微薄。

三是若要达到 8% 的社会基准收益率，需要上涨配套费或给予补贴约 30 元/m²。

总体上，深层砂岩地热取暖项目企业能够实现保本微利，长期稳定供暖，但是利润较低，企业资金周转较难，迅速加大新的地热取暖项目开发力度存在困难。

（5）适用推广范围

华府御园地热取暖项目是咸阳市及其周边的深层孔隙型砂 26 岩热储开发的典型代表，该类型的地热取暖面积在咸阳市已达 713.8 万 m²，在关中盆地也已接近 2 000 万 m²。该项目的成功经验对于与之开发类型相近的渤海湾盆地沧县隆起、邢衡隆起、济阳坳陷，南华北盆地中牟凹陷，汾渭地堑临汾盆地、运城盆地等区域的地热能开发具有重要的借鉴意义。

3.3.4　中深层地热地埋管供热系统应用技术

3.3.4.1　技术原理

中深层地热地埋管供热系统应用技术通过向中深层岩层钻井，以地下中深层热储层（2～3 km）或干热岩为热源，不取用地下水且对地下含水层无影响，通过中深层地热换热系统提取热量并通过地热热泵机组向建筑供热的技术，主要由中深层地热换热系统、地热热泵系统、建筑室内供热系统以及监测与控制系统组成，其原理示意如图 3-11 所示。

中深层地热地埋管供热系统应用技术是通过向地下一定深度的高温岩石上钻井（直井或定向井），然后在井内安装特种金属套管。为保护地下水层，金属套管为密闭运行系统。此外，在装机过程中还需要对浅层地下水、深层地下水及承压水等各个水层进行封堵，避免对地下水形成污染或者造成地下水串层。安装好的金属套管和地下的岩石进行热交换，通过套管系统内的换热流体介质将深层地热能传送至地面。地面上的设备机房中，热泵设备将地下换热系统输送上来的地热能转换为建筑所需的热量，并将提取完地热能的换热介质又通过套管注回，从而达到整个系统密闭循环的目的。

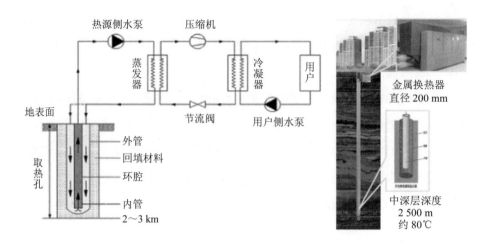

图 3-11　中深层地热地埋管供热系统应用技术原理

3.3.4.2　技术特点

中深层地热资源在我国储量丰富，且为可再生地热资源，中深层地热地埋管供热系统应用技术是以中深层热储层为热源，不取用地下水且对地下含水层无影响，通过专用换热设备提取地热能的技术。因其在开发利用过程中不会直接产生污染物排放和温室气体排放，该项技术具有较好的社会、环境效益。该技术相比于浅层地源热泵、燃煤、燃气集中供热等供热技术，具有普遍适用、绿色环保、保护水资源、高效节能、系统寿命长、安全可靠、运行成本低等优势。

（1）系统集成无干扰

该技术利用密闭换热器内循环流动的介质带出地下热能，取热不取水，避免了地下水采空、尾水热污染或高压回灌的难题。系统与地下水隔离，仅通过换热器管壁与高温岩层换热，不抽取地下热水，也不使用地下水，有效地保护了地下水资源不受干扰。

（2）环保效益明显

一方面，中深层地热地埋管供热系统应用技术在钻井过程中需要封堵水层，从而隔离地下水，地下的金属套管换热器管壁与地下高温岩体进行热交换，整个过程不使用地下热水，也不会造成地下水串层污染。另一方面，中深层地热地埋管供热系统仅靠电力驱动获得地热能，系统运行不会直接产生 CO_2、SO_2 和废水等污染物，治污减霾和节能减排效果显著。而利用地热水供暖系统则不仅会造成地下水资源破坏，而且由于回灌技术的限制也会造成大量含矿物质的高温废水排放。目前，该项技术在陕西省西咸新区的成功应用，为我国解决冬季清洁采暖问题提供了可资借鉴的样本。以 2 000 万 m^2 建筑为例，一个采暖季（4 个月）相比燃煤锅炉供热，可代替约 32 万 t 标准煤，减少 CO_2 排放量约 86 万 t，减少 SO_2 排放量约 2 720 t，减少氮氧排放物约 4 990 t，减少粉尘排放量约 3 070 t，相当于一台 300 MW 发电机组一年的煤炭消耗量。中深层地热地埋管系统，只有热泵机组和循环水泵等设备消耗电能，每平方米每月消耗 3～4 kW·h 电量，按 2 000 万 m^2 计算，每个采暖季仅用 4 亿 kW·h 电量，即可实现比电热膜少消耗 20 亿 kW·h 电量但更好的供暖效果。

（3）能效高

中深层地热地埋管供热系统应用技术既利用了中深层的地热资源，又结合了高效的热泵技术，同时由于不用敷设室外管网，减少了输送能耗和管网损失，全系统能效比可达 4.0 以上，相比传统浅层地源热泵技术节能30%以上，一个 2 500 m 深的换热孔就可以满足 1.5 万～1.8 万 m^2 建筑的供热需求。

（4）系统安全稳定

中深层地热能作为典型的低品位能源，地热能遍布各地，而地热带地热资源相对比较丰富，尤其是中深层地热资源，据初步估算，我国中深层地热资源在地下 2 000～4 000 m，主要的高热流区约 190 万 km^2，其温度范围为 150～650℃。根据专家测算，我国中深层地热资源储量相当于 860 万亿 t 标准煤，在我国分布广泛。在较浅层的地热资源中，蕴藏的热能是包括石油、天然气和煤炭在内的所有化石燃料能量的 300 倍之多。

以陕西省西咸新区首个中深层地热地埋管供热系统应用技术供热 PPP 示范项目为例，连续 4 年运行室内温度稳定保持在 20～23℃。经过清华大学江亿院士团队连续三年的跟踪监测，其系统运行稳定，换热孔供热量大，热源供给持续且充足。理论、实践数据均证明了该技术系统相比抽取地热水的供热方式，更加稳定、可靠，充分验证了地热资源储量大、地温恢复快等特征。另外，由于中深层地热地埋管供热系统应用技术在地下无活动的设备部件，使用的金属套管换热器和建筑物为同样的设计寿命，换热孔径小对地质没有影响，安全稳定性高。

（5）分布式可再生能源利用方式

中深层地热地埋管供热系统对供暖建筑物就近钻孔，施工场地宽度应大于 10 m/钻孔，长度应大于 30 m/钻孔，场地坡度应小于 0.003，基本不受场地条件约束。同时不需要建设长距离热输送管网，热损失小，经济性强，适用性比较好。此外，中深层地热地埋管供热系统在地面上建设的热泵机组占用换热站内空间小，相对于传统市政供暖蒸汽—热水换热站运行更加灵活、简单，维护费用低，热泵机组还可一机多用，即利用地热能量来供冷供热。

中深层地热地埋管供热系统应用技术虽然优点众多，但目前在市场推广应用中也还存在着部分困难和问题：前期投入较大，中深层地热地埋管供热系统建设主要包含中深层地热地埋管供热换热孔、输热管道和供热机房，其核心部分为换热孔施工，采用工艺为石油钻井工艺，行业成本造价较透明。据粗略测算，单位面积投资为 25～30 元，比中深层水热型地热系统和浅层地温能热泵系统费用高出很多。

3.3.4.3 发展及应用现状

目前，中深层地热地埋管供热系统应用技术作为一项较新的技术，正处于研究应用阶段，对于许多名称还没有统一的规定。2016 年 11 月 15 日，陕西省质量技术监督局发布了陕西省地方标准《无干扰地热供热系统工程技术规范》

（DB 61/T 1053—2016），并于 2017 年 1 月 1 日开始实施。其中，对无干扰地热供热技术（Non-interfering Geothermal Heat Pump Technology）进行了定义，是以中深层热储层为热源，不取用地下水且对地下含水层无影响，通过专用换热设备提取地热能的技术。2020 年 3 月，陕西省进一步完善标准体系，发布了《中深层地热地埋管供热系统应用技术规程》（DB J61/T 166—2020），将其命名为深层地热地埋管供热系统应用技术。深层地热地埋管供热系统是一种深层地源热泵系统或加强型地源热泵系统。

目前，人们对中深层地热能的开发利用，主要是用来发电。美国、法国、德国、日本、意大利和英国等科技发达国家已经掌握了中深层地热发电的基本原理和基本技术。中深层地热能发电的基本原理是通过深井将高压水注入地下 2 000～6 000 m 的岩层中，使其渗透进入岩层的缝隙并吸收地热能量；再通过另一个专用深井（相距 200～600 m）将岩石裂隙中的高温水、汽提取到地面；提取出的水、汽温度可达 150～200℃，通过热交换及地面循环装置用于发电；冷却后的水再次通过高压泵注入地下热交换系统循环使用，整个过程都在一个封闭的系统内进行。

采热的关键技术是在不渗透的中深层地埋管内形成热交换系统。试验中，常用的地下热交换系统的模式主要有三种。

第一种模式是美国洛斯阿拉莫斯国家实验室提出的"人工高压裂隙模式"，即通过人工高压注水到井底，干热的岩石受水冷缩作用形成很多裂隙，水在裂隙间穿过，即可完成进水井和出水井所组成的水循环系统热交换过程。

第二种模式是英国卡门波矿产学校（Camborne School of Mines）提出的"天然裂隙模式"，即较充分地利用地下已有的裂隙网络。已有的裂隙虽然阻止了人工高压注水裂隙的发育，但当人工注水时，原先的裂隙会变宽或错位更大，增强了裂隙间的透水性。在这种模式下，可进行热交换的水量更大，而且热量交换更充分。

第三种模式是在欧洲 Soultz 中深层地热地埋管供热系统应用工程中由研究人

员提出来的"天然裂隙——断层模式"。这种模式除了利用地下天然的裂隙,还利用天然的断层系统,这两者的叠加使得热交换系统的渗透性更好。该模式的最大优势也是最大的挑战,即不需通过人工高压裂隙的方式连接进水井和出水井,而是通过已经存在的断层来连接位于进水井和出水井之间的裂隙系统。利用中深层地热能发电对交换热量后的出水水温要求很高,一般要求达到150~200℃,通常需要在 3 000 m 以下深处不透水的中深层地埋管系统中营造增强型地热系统,施工难度较大,成本较高,难以大规模应用。

在我国大力转变发展模式、发展低碳循环经济的新形势下,除了继续挖掘传统浅层地热能利用潜力外,对中深层地热的直接开发和利用已经成为地热能应用的新途径。与其他新能源相比,深层地热能源的一个重要特点在于稳定性和普遍性,既可以独立开发利用,也可以互补性开采以填补风能和太阳能不稳定的缺点。

近年来,国内外研究机构不断加大对深层地热能的研究力度。目前,对中深层地热能的利用主要分为以下三种:①在富集地热水区域钻探深层地热井,抽取地下热水;②利用中深层地热地埋管供热系统应用技术进行发电;③中深层地热地埋管供热系统应用技术用于供暖。直接利用地下热水进行供暖、洗浴、养殖、医疗的方式在国内外已经非常普遍,主要集中在一些富集热水的区域。在利用中深层地热发电领域,国内外总体规模小、数量少,而且施工难度较大,成本较高,难以大规模应用。相比利用中深层地热发电,利用中深层地热资源进行供暖所需的水温只需40~50℃即可,在利用现有成熟的钻探技术基础上,在任何地方,钻到一定深度就通过能量交换实现中深层地热能的开发与利用,具有较强的应用前景。在我国相对集中的住宅小区也需要集中供暖,因此,深层地热地埋管供热系统应用技术在我国有明显的优势,这也是其他可再生能源(如太阳能、风能)难以企及的。因为中深层地热地埋管供热系统不会受天气等因素影响,无需专门的储能设备和技术来保障稳定运行,此外供热机组运行不燃烧任何化石燃料,不会排放温室气体、气体污染物和其他污染物,并可循环利用,因此,中深层地热地埋管供热系统应用技术具有广阔的开发利用前景。

3.3.4.4　中深层地热地埋管供热系统应用技术实例

（1）项目简介

长安信息大厦住宅、商场供热项目位于陕西省西安市，项目总建筑面积 3.8 万 m²，其中住宅面积 2.5 万 m²，商业面积 1.3 万 m²，主要设计地板辐射采暖。钻孔数为 3 个，钻孔深度为 2 000 m，在钻孔中放入超长密闭金属换热器，将地下热能导出，用于冬季供热。系统主要设备如表 3-6 所示。

表 3-6　中深层地热地埋管供热系统主要设备

设备名称	技术参数	数量	备注
中深层地热地埋管系统供热机组	制热量：1 080 kW；输入功率：229 kW	2	一台运行
热源侧循环水泵	流量：100 m³/h；扬程：32 m；输入功率：15 kW	3	二用一备
用户侧循环水泵	流量：120 m³/h；扬程：30.5 m；输入功率：15 kW	5	四用一备

（2）运行效果

通过连续测量用户侧流量和进出口水温、热源侧流量和进出口水温以及循环水泵和热泵机组消耗的电量等参数，分析实际运行数据得出：①用户侧进出口平均温差为 3.8℃且室内平均温度在 21.5℃左右微小波动，满足《民用建筑供暖通风与空气调节设计规范》（GB 50736—2012）中对民用建筑室内温度环境的要求；②热源侧出口水温度变化范围为 25.7～27.7℃，变化范围较小，为机组运行提供一个稳定的中高温热源，且出口水温较高，换热器的进出口温差较大，平均进出口温差为 9℃；③单个换热孔循环水量和平均换热量分别为 26 m³/h 和 286.4 kW，与常规地源热泵系统单孔换热量的 5 kW 左右相比，采用中深层地热地埋管系统应用技术，单孔取热量更大，将大大节省钻孔占地面积；④中深层地热地埋管系统供热机组平均 COP 值为 6.4，系统平均 COP 值为 4.6 的中深层地热地埋管系统供热系统的运行能效较高。

（3）效益分析

1）环保效益

与燃煤锅炉相比，替代使用标准煤：每个采暖季使用量为 163 t/万 m²；每个采暖季减少 CO_2 排放量 428.4 t/万 m²；每个采暖季减少 SO_2 排放量 1.36 t/万 m²。

2）经济效益

用此项新技术优势明显，热源更稳定、取热供热效率更高、环保节能、社会效益显著。据计算，用此项技术从地下 2 000 m 处取热，其运行成本约为集中供热的 50%。初始投资与运行费用比较如表 3-7 所示。

表 3-7 初始投资与运行费用比较

热源形式	初始投资/（元/m²）	运行费用/［元/（m²·月）］
中深层地热地埋管供热系统应用技术供热	250	2.00
集中供热（煤）	260	5.80
燃气锅炉（天然气）	240	8.00

（4）应用推广

该项新技术有推广价值，如果逐步在全国推广，将会创造一种全新的能源利用形式，不仅可以优化我国能源使用结构，节约资源，经济高效，同时具备治污减霾效果，社会、环境效益十分显著。

如果进行规模化推广，与天然气供暖、地源热泵等相比，中深层地热地埋管供热系统应用技术属于分布式能源，无须建设热源厂和开挖路面、敷设大量热力管网，不抽取地下水，不影响地下水层。同时，中深层地热能是可再生资源，没有 NO_x 和 CO_2 排放，对节能减排、治污减霾具有重要意义。利用中深层地热地埋管供热系统应用技术，对加快绿色节能建筑和可再生能源利用在沣西新城范围内的推广应用具有重要意义。

3.4　本章小结

　　本章首先从地热能的概念、特点、类型及分布区域对地热能进行了全面的概述。地热能是指能够被人类所利用的地球内部的热能，具有总量丰富、能量密度大、分布广泛、绿色低碳、适用性强、稳定性好等特点，是一种发展潜力巨大的可再生能源。其次，对地热能取热技术发展历程进行阐述，并对主流的地热能取热技术（水源热泵、土壤源热泵、水热型地热供热技术、中深层地热地埋管供热系统应用技术）进行了介绍，并对比分析了各项技术的优劣势以及应用中存在的限制条件，优劣概括如表 3-8 所示。在此基础上，对水源热泵、土壤源热泵、水热型地热供热技术及中深层地热地埋管供热系统应用技术的应用范围以及发展现状进行综述。目前，中深层地热地埋管供热系统应用技术的相关研究以及应用较为局限，未来中深层地热地埋管供热系统应用技术具有广阔的开发利用前景。

表 3-8　地热能取热技术

地热能取热技术		能量来源	优势	局限性
地源热泵技术	水源热泵	浅层地热	清洁无污染；水源侧温度稳定；能效高	需要选择合理水源，前期勘探投资高；地下水会受到污染
	土壤源热泵		资源可再生利用；系统运行可靠、费用低	受土壤影响较大；存在冷热堆积问题
水热型地热供热技术		水热型地热	节能环保；系统设备少，运行管理方便	结垢和腐蚀严重；地热尾水回灌率低
中深层地热地埋管供热系统应用技术		中深层岩热	取热不取水；系统稳定性无干扰；分布式清洁能源利用方式；能效高	初投资较大，投资回收期较长

第 4 章
地热能在城市供热中的应用

4.1 地热能在我国的应用

地热能主要有两种利用方式,即高温地热发电和中低温直接利用。中低温地热能直接利用的方式主要包括地热供暖、工业、农业、医疗保健和温泉旅游等。

4.1.1 地热能发电

地热能发电在实践中的应用可以追溯到 1904 年,进入商业开发的领域有百年历史。2005 年之后,全世界范围内已经有超过 24 个国家开始应用地热能进行发电, 72 个国家开始大范围地应用地热能,发电量已经达到 56.95 TW·h/a,地热能利用量达 75.94 TW·h/a。地热能发电是当前地热能利用的主要方式,这也是首要使用方式。我国高温热源的利用主要指的是温度超过 150℃ 的地热能,高温热源一般分布于我国西藏南部、云南西部、台湾东部等地区,当前已经开发和应用的有 5 500 个地热点、45 个地热田,其地热温度超过 200℃。如果此时将其全部转变为电能,将对我国能源结构产生非常大的影响。

我国地热能发电始于 20 世纪 70 年代,1970 年 12 月第 1 台中低温地热能发电机组在广东省丰顺县邓屋发电成功;1977 年 9 月第 1 台 1 MW 高温地热能发电机组在西藏羊八井发电成功,我国成为世界上第 8 个掌握高温地热能发电技术的国家。1991 年,西藏羊八井地热能电站装机容量达 25.18 MW,其供电量曾占拉萨市电网的40%～60%。截至2017年年底,中国地热能发电装机容量为2 728 MW,排名世界第18位。

地热发电是目前采用地下热水、蒸汽动力能源的主要方式,是当前应用最为广泛的新型发电施工技术,其与火力发电技术基本相同,也是能量转换的原理,将地热能转变为机械能,然后再转化为电能直接使用。

4.1.2　地热能供暖

我国利用地热技术对房屋进行取暖已经有十几年的历史了。目前,我国是全球利用地热经济效益较好的国家之一。《地热能开发利用"十三五"规划》中明确提出到2020年,我国地热供暖(制冷)面积累计达到16亿 m^2。地热能供暖技术主要包含水热型地热供暖、地源热泵供暖及干热岩供暖等。

水热型地热供暖是指利用开采井抽取地下水,通过换热站将热量传递给供热管网循环水,输送至用户。我国开发利用水热型地热供暖已有上千年的历史,改革开放后尤其是近年来,水热型地热供暖的开发利用在规模、深度和广度上都有很大发展,目前我国水热型地热供暖的利用总量已位居世界首位。天津市和咸阳市是利用水热型地热进行供暖的典型城市。目前,天津市是我国利用地热供暖规模最大的城市,全市有140个地热站,每年地热水开采量为2 600万 t,地热供暖面积达到1 200万 m^2,占全国地热供暖总面积的50%左右。咸阳市共开凿地热井数量达50个,供暖面积达260万 m^2。截至2017年年底,全国水热型地热能供暖建筑面积超过1.5亿 m^2,2018年我国水热型地热能供暖建筑面积约为1.65亿 m^2。现阶段,该技术已经研发出了梯级能源利用装置以及信息自动化管控体系,不断地推动我国地热开采技术朝着世界先进水平靠近。表 4-1 为我国地热能供暖现状。

表 4-1　我国地热能供暖现状

地区	浅层地热能供暖制冷面积/10^4 m²	水热型地热能供暖制冷面积/10^4 m²
辽宁省	7 000	200
北京市	4 000	500
山东省	3 000	1 000
河南省	2 900	600
河北省	2 800	2 600
江苏省	2 500	50
安徽省	1 800	50
天津市	1 000	2 100
陕西省	1 000	1 500
广西壮族自治区	2 200	0
其他省份	11 000	1 610
全国	39 200	10 210

　　浅层地热能供暖主要利用地源热泵技术实现供暖。20 世纪 70 年代，世界出现第一次能源危机，地源热泵技术得到充足发展。目前，地源热泵已在北美、欧洲等地广泛应用，技术也日趋成熟；美国正在实现每年安装 40 万台地源热泵的目标；在瑞士、奥地利、丹麦等欧洲国家，地源热泵在家用供暖设备中已占有相当大比例。世界各国对地热供暖都非常重视，例如，冰岛、匈牙利、法国、美国、新西兰、日本等都采用地热供暖。冰岛有 85%的房屋用地暖供热，占地热直接利用量的 77%。匈牙利的地热供暖发展速度较快，现已有 8 个城市，近 9 000 套住宅用地热水供暖。我国地源热泵技术从 2000 年开始，截至目前，现有地源热泵工程数量已经达到 5 000 多个，总利用面积达 2.4 亿 m²。在利用地源热泵供暖领域进行了很多尝试，取得了一定的成果。《中国地热能发展报告（2018）》数据显示，2000 年我国利用浅层热能供暖（制冷）建筑面积仅为 10 万 m²，随着绿色奥运、节能减排等理念的深入，浅层地热能利用进入快速发展阶段。截至 2017 年年底，我国地源热泵装机容量达 2 万 MW，居世界第一位，年利用浅层地热能折合 1 900 万 t 标准煤，供暖（供冷）建筑面积超过 5 亿 m²，其中京津冀开发利用

规模最大。

干热岩供暖，又称为工程型地热，是指处于地下较深位置，不含水分以及蒸汽的非常致密的一些热岩体，其组成多为变质岩类以及结晶岩类。干热岩自身有着非常高的温度值，表现出很强的干热性能。通常情况下，在干热岩的上层位置会覆盖着一层沉积岩，该层沉积岩起到一定的保温、隔热作用，使干热岩的温度可以维持在 150～600℃，可以当成热能被开发利用。最早利用干热岩资源的国家是美国，其在 20 世纪末期着手研究利用工业尺度上的干热岩开发技术。随后，日本也逐渐加快了对干热岩利用技术的研究。然而，现阶段所有的干热岩资源开发均用于发电，几乎没有涉及干热岩供暖技术的研发。而国内对于干热岩资源利用技术的研发更晚，目前仅处于起步阶段，还未进行更深层次的技术研究。2014 年，我国青海曾钻获了温度为 150℃的干热岩，使我国对于干热岩技术的研发有了很好的基础保障。

4.1.3　地热应用于医疗、旅游

地热水内含有大量的硼、硅、锶、氟、锂、碘等矿物质，可以应用到医疗、保健、养生等领域中，进行一定的疾病治疗。目前，主要应用地热水进行洗浴，不仅可以促进身体血液循环，还能够缓解坐骨神经痛，对于治疗风湿类疾病也有着非常好的效果。长期使用地热水进行沐浴，可以改善人体健康状态，促进身体健康质量的提升，提升人的身体素质。

在娱乐、旅游方面的应用采用温泉治疗的方式，主要是应用到游泳馆、嬉水乐园、康复治疗中心、温泉度假村中，成为比较时尚的娱乐休闲项目。

我国是温泉资源丰富的国家，主要集中在北京、辽宁、山东、福建、广东、云南、四川、重庆、西藏、海南、台湾地区等省（区、市）。我国温泉旅游项目开发已经有上千年的历史，中华人民共和国成立后，凡是有地热水的地方，都建起了温泉疗养院，为国民提供了科学有效的综合保健和康复娱乐场所，并取得了很好的经济效益及社会效益。

4.1.4 地热应用于工农业

在农业生产方面，地热的应用范围十分广阔。利用温度适宜的地热水灌溉农田，有利于实现农作物的早熟增产；利用地热建造温室，可以育秧、种菜和养花；利用地热搞养殖业，可以培养菌种、养殖各种鱼类等，对提高出产率也很有帮助；给沼气池引入地热进行加温后，沼气产量可以得到大幅度提高等。在我国的北方地区，地热水可以进行高档水果、菌类、花卉的种植，而南方地区多数则用来育秧。从大量的统计数据分析可以发现，全国范围内目前应用的地热温室与大棚面积为 133 万 m^2，仅河北省就已经达到 47 万 m^2。通过地热水来进行灌溉，可以促进植物的早熟，并且可以达到增产的效果。当前我国温室种植中利用的地热能源折合为标准煤达 21.5 万 t/a，占地热资源年开采总量的 3.4%。

工业上，利用地热为工厂供热，如用作干燥谷物和食品的热源，用作硅藻土生产，木材生产，造纸、制革、纺织、酿酒、制糖等生产过程的热源等，也是大有前途的。

4.2 我国北方城市供热现状

4.2.1 主要供能结构

我国北方地区取暖使用的能源以燃煤为主，燃煤取暖面积约占总取暖面积的83%，天然气、电能、地热能、生物质能、太阳能、工业余热等合计约占 17%。取暖用煤年消耗约 4 亿 t 标准煤，其中散烧煤（含低效小锅炉用煤）约 2 亿 t 标准煤，主要分布在农村地区。北方地区供热平均综合能耗约 22 kg 标准煤/m^2，其中城镇约19 kg 标准煤/m^2，农村约 27 kg 标准煤/m^2。在北方城镇地区，主要通过热电联产、大型区域锅炉房等集中供暖设施满足取暖需求，承担供暖面积约 70 亿 m^2，集中供暖尚未覆盖的区域以燃煤小锅炉、天然气、电能、可再生能源等分散供暖作为补充。

　　据统计，2016 年年底我国北方地区供暖面积为 206 亿 m²，其中城镇 141 亿 m²，农村 65 亿 m²。近年来，我国对于供热需求不断增加，城市供热面积从 2002 年的 15.56 亿 m² 上升至 2015 年的 67.22 亿 m²，是原来的 4 倍多，年均复合增长率约为 11.92%（图 4-1）。供暖年消耗约 4 亿 t 标准煤，其中散烧煤（含低效小锅炉用煤）约 2 亿 t 标准煤。按散煤燃烧烟尘排放 1.1 kg/t 燃煤测算，我国冬季因散烧煤供暖产生烟尘量超过 4.9 万 t/月。煤电装机容量 9.46 亿 kW，煤电发电量 4 万亿 kW·h。发电用煤供电煤耗 314 g/（kW·h），耗用约 12.5 亿 t 标准煤。实现超低排放的燃煤电厂烟尘排放因子约为 0.08 kg/t 燃煤，我国燃煤电厂排放烟尘量约为 0.8 万 t/月。

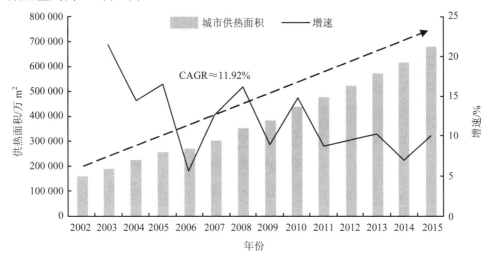

图 4-1　我国城市供热面积及增速

注：CAGR 为复合年均增长率。

　　以上测算仅为全国平均统计值，若分别按省份考虑冬季散煤供暖烟尘排放和煤电机组烟尘排放，则冬季散烧煤是煤电污染的 6～15 倍。在大气污染日益严重、传统供暖方式能耗比低的情况下，国家开始大力推广清洁能源供暖。清洁供暖是大势所趋，经过近几年的持续发展，我国已经形成以集中供暖为主、多种供暖方式为补充的发展格局。

北方冬季供暖主要有集中供暖和分散供暖两种形式。集中供热主要在城市，实施的途径主要有热电联产、燃煤锅炉及燃气锅炉。近几年出于保护环境的需要，各地燃气锅炉供暖方式开始逐渐替代燃煤锅炉，燃煤供暖比例处于下降的状态。我国的煤炭消费基数较大，虽然开展了燃煤替代，燃煤锅炉的适用比例依旧处于较高水平，目前燃煤锅炉供暖面积大约占北方城镇供热面积的45%，可再生能源占比仅为2.6%。图4-2为国内区域集中供暖分布占比。

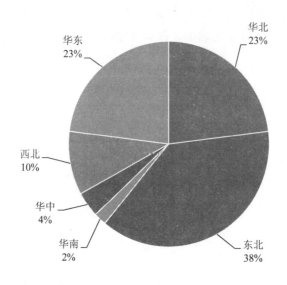

图4-2　国内区域集中供暖分布占比

除了热电联产及锅炉供暖方式，北方少数地区的集中供暖依靠地热。如中国石化在河北省雄县开发的地热供暖项目供暖面积达到了数十万平方米，利用的是中深层水热资源。总体来看，相比全国主要供暖形式及供暖面积指标，北方地区地热集中供暖的面积占总面积比例总体处于非常低的水平。

分散供暖主要在农村地区，城镇也有少数地区依靠分散供暖。之前的供暖形式主要是依靠家用煤炉，散煤燃烧是造成北方大气环境污染的重要因素之一。近几年国家在北方农村地区实施"煤改气""煤改电"工程以替代散煤，2016年中央财经领导小组第 14 次会议后整改力度有所加大。除分散供暖外，部分农村地区近些年还实现了由地热资源向集中供暖的转变，比如河北省雄县的一些农村就实现了地热集中供暖，效果非常好。

4.2.2　清洁供暖现状

近年来，粗放型经济模式带来的资源浪费和环境污染问题得到了越来越多的关注。2017 年年底，十部委联合发布了《北方地区冬季清洁取暖规划（2017—2021）》，以此为节点，清洁取暖将成为未来北方地区甚至全国范围内增长最快的取暖方式。经过不断开发，积累经验和技术，清洁能源供暖领域将有望扩大到工商业等更多的领域。

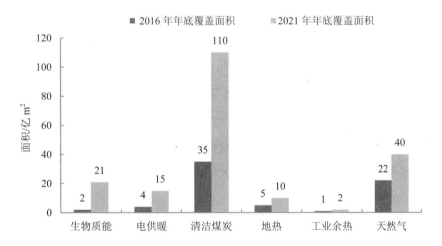

图 4-3　2017—2021 年各种能源规划供热面积

中国经济信息社和中国城镇供暖协会 2019 年 1 月 8 日发布的《清洁供暖路径分析报告》称，根据各地公布的"十三五"期间供热规划以及相关规划，北方 15 个省（区、市）供暖面积发展潜力约为 32.3 亿 m^2。其中，京津冀地区 6.1 亿 m^2，东北地区 5.4 亿 m^2，西北地区 7.3 亿 m^2，华北地区（山东、山西、河南）13.5 亿 m^2。据不完全统计，目前北方采暖地区的供热面积在 2016—2017 年已发展到约 10 亿 m^2，这就意味着 2018—2020 年还有 22.3 亿 m² 需要采用清洁供暖方式解决，清洁供暖市场需求大。

截至 2016 年年底，我国北方地区天然气供暖面积约 22 亿 m²，占总取暖面积的 11%；电供暖面积约 4 亿 m²，占比 2%；清洁燃煤集中供暖面积约 35 亿 m²，均为燃煤热电联产集中供暖，占比 17%；地热供暖、生物质能清洁供暖、太阳能供暖、工业余热供暖，合计供暖面积约 8 亿 m²，占比 4%。清洁能源在城市供热的市场占比越来越大。

我国北方地区清洁取暖的技术路径包括热源的清洁能源替代、热网和建筑的节能性能提升等方面，主要有：①将天然气、电能、可再生能源等清洁能源通过增效、转换、光热、光电、风电、水电、热泵等高效技术的独立或耦合应用来替代传统热源，这种替代包括热源的新建、改造以及上述高效储能技术的结合运用，以进一步提高清洁能源的利用效率；②热网和建筑的节能性能提升，主要通过建筑节能、供热管网等标准的具体要求，在设计阶段就提出高标准建造要求并强制执行，全面提高热网和建筑的各项性能指标；③对于既有的热网和建筑，因地制宜地实施节能改造，逐步提升其性能水平，从而实现清洁取暖的目标。

目前，成熟的清洁供暖技术按照能源类型分为太阳能、空气源热泵、地热能、燃气、电加热等。电能是高品位能源，使用稳定、易获取，但是费用高；太阳能是理想的可再生能源，但供热采暖技术不同于太阳能热水，目前尚不成熟与稳定；生物质能在农村应用具有广阔的优越性；燃气壁挂炉、电采暖、余热回收技术也具有广阔的应用空间，如将它们的优势相互结合，安全、稳定又能降低运行费用，将是理想的独立供暖形式，尤其在农村供暖等家用领域，其灵活性优势会更加明显。

地热能供热。我国地热资源丰富，地热资源约占全球的 7.9%。其中高温地热资源主要分布在藏南、川西等地，中低温资源遍布全国各地。地热能源应用具有节能效果好、无废弃物、运行成本低等特点。我国地热能利用起步较晚，且受到地质条件等固有环境影响，在全国范围推广还不成熟，但在攻克技术难题后，地热能源将成为资源丰富地区优选的供热方案。其中我国北方地区地热资源丰富，可因地制宜地将其作为集中或分散供暖热源。"十三五"期间积极推进水热型（中深层）地热供暖并大力开发浅层地热能供暖。到 2021 年，地热供暖面积达到 10 亿 m^2，其中中深层地热供暖 5 亿 m^2，浅层地热供暖 5 亿 m^2（含电供暖中的地源、水源热泵）。

生物质能供热主要包括生物质热电联产和生物质锅炉供热，布局灵活，适用范围广，同时生物质能有就地收集原料、就地加工转化、就近消费的特点，有利于构建城镇分布式清洁供热体系，既减少农村秸秆露天焚烧，又提供清洁热力，更能带动生物质能转型升级。国家有关部门已经将生物质能供热作为替代县域及农村燃煤供热的重要措施。《关于促进生物质能供热发展的指导意见》明确提出，到 2020 年，我国生物质热电联产装机容量目标超过 1 200 万 kW，生物质能供热合计折合供暖面积约 10 亿 m^2，年直接替代燃煤约 3 000 万 t。国家可再生能源电价附加补贴资金也将优先支持生物质热电联产项目。

在国家社会经济发展进入新常态的大背景下，供热行业同样也进入了一个新的转型期、改革期、挑战期和机遇期。供热行业不仅面临新的压力与挑战，而且还面临着新的发展机遇与历史性变革。

（1）当前供热行业正面临着三大挑战

一是人为导致的全球变暖，必须通过减少温室气体排放来改变现状，越来越高的环保要求，使供热企业对环保的投入加大，企业必须寻求新的出路；二是全球发展导致的能源需求增长，将提高化石燃料的价格，我国北方地区供热行业燃料成本居高不下，对绿色经济发展造成影响；三是劳动力需求加剧和社会人工成本上涨，将使供热人工成本急剧增长，企业负担进一步加大，逼迫供热企业寻求新供热管理方式。

（2）我国供热行业已进入两个关键时期

一是伴随城镇化进程，供热事业已进入快速发展时期，2020 年供热面积增至 200 亿 m^2，但供热发展又面临着资源、环境、安全以及经济承受能力的多重压力，供热已作为战略性问题提到国家以及城市管理的重要议程；二是在节能减排和老旧设备的压力下，供热设施设备已进入了更新改造期，供热行业新的设备设施水平将决定着我国供热系统未来15～20年的供热能力与效率，也决定着供热领域节能减排的水平。

（3）供热市场竞争更加激烈，机遇大于挑战

一是采暖用户要求越来越高，消费需求呈个性化趋势，供热面临用户的挑战，传统供热的基础性保障将成为历史，未来企业比拼的是创意文化，供热产品将走向舒适化、个性化和数字化；二是新能源革命，促使供热行业成为朝阳行业，资金、技术、人才开始涌向供热领域，新理念、新技术、新装备、物联网以及资源整合、互联互通的趋势，将使供热市场被无情分割，传统供热方式与管理方式以及企业生存与发展面临新挑战；三是新常态下的新经济政策将更加注重民生需要、基础设施、环境生态、能源建设、科技创新、民营企业等领域，如何利用好新政策是供热行业面临的新发展机遇。

（4）供热行业将面临新的重大变革

一是供热行业肩负着节能减排的重要使命，转变发展方式、优化供热结构、加快技术创新、推进节能减排、全面提升供热保障能力和供热运行效率，努力构建安全、清洁、经济、高效的供热系统已成为我国供热事业发展的关键，任重而道远；二是供热行业需要继续解放思想、转变观念、深化供热企业改革、适应市场新形势与要求、加快研究企业的发展战略和技术路线、加快新技术推广和装备升级，这是当前供热企业必须思考和付诸行动的课题，也是供热企业再发展的关键；三是发挥行业整体作用，凝聚行业智慧与力量，围绕发展、改革、管理三大主题，引领行业的技术进步与企业改革，这将是供热行业今后一个时期的主要任务。

4.2.3 我国地热能供暖发展现状

4.2.3.1 地热能发展情况

我国北方地区冬季寒冷，供暖需消耗大量的煤炭等矿物资源，煤炭属于高品位能源，供暖过程中会造成严重的资源浪费并带来环境污染。地热资源是清洁可再生能源，利用地热资源进行供暖可有效改善煤炭供暖产生的负面效应。我国地热能产业正处在"十三五"大有可为的战略机遇期和关键期，地热能利用行业发展空间广阔。在能源供需多极化格局越来越清晰、能源结构低碳化趋势越来越明显的当下，随着"推进绿色发展、循环发展、低碳发展"理念的深入，人们对美好生活的需求也不断提高，有了更高的追求。地热能在能源结构调整、应对气候变化、大气污染治理中将发挥更加积极的作用，地热能和地源热泵技术与产品的市场发展空间也将更加广阔。

自 20 世纪 90 年代起，我国开始加大对地热资源的开发力度。在借鉴国外先进经验并结合我国实际情况的不断探索下，我国地热供暖发展迅速。2013 年，《国家能源局综合司国土资源部办公厅关于组织编制地热能开发利用规划的通知》（以下简称《通知》）发布，《通知》中指出，我国地热资源开发利用以浅层低温能供暖（制冷）及中深层地热能供暖及综合应用为主，可见我国已正式将地热能纳入供暖体系。目前，我国地热供暖主要呈现出供暖面积不断增加、地源热泵快速发展、政策体系逐渐完善等特点。

地热能供暖相对燃煤、燃气以及电供暖方式最大的优势就在于清洁环保。在水热型地热资源丰富的地区，只需要消耗极少的电力就可以实现居民区的集中持续供暖，基本可以视为零排放。燃煤锅炉方式以及散煤燃烧会产生大量 CO_2 及其他污染物，燃气供暖虽然排放量较低，但不能完全杜绝排放；"煤改电"使用的电力来自煤炭或天然气，属于二次能源，在其生产过程中存在污染问题。热电联产供热方式虽然相对燃煤锅炉提高了能源利用效率，但仍排放大量 CO_2，对我国

"节能减排"工作形成较大压力。据中国电力企业联合会统计，2014 年全国全口径发电量 56 045 亿 kW·h，全口径发电 CO_2 强度为 645 g/（kW·h），推测得出中国电力行业 CO_2 排放量 36.12 亿 t，约占全国总排放量的 37.13%。地热供暖属于直接利用，清洁程度高。浅层地热能利用主要以地埋管形式从土壤中取热，打井后提取地下水并予以加热，然后通过热泵从水中取热。浅层地热能的利用一般需要消耗电能对地埋管中的水或者是地下水进行加热，到一定温度后方能取得供暖效果。

另外，我国地热能供应稳定。我国 336 个地级以上城市中 80%以上的土地面积适宜利用浅层地热能，地热资源分布面广。水热型地热资源分布虽不像浅层资源分布那么广泛，但是具备资源基础的地区，在确保回灌基数实施的条件下，资源的供应会非常稳定，这一点是热电联产和天然气供暖所无法相比的。我国电力供应总体充足，但是热电厂分布不均衡，造成热源供应不稳定。北京、济南和石家庄等大城市普遍存在热电厂容量难以满足快速增长的城市供热负荷需求的情况，而更多中小城市则存在热电厂供热容量过剩现象，一些 300 MW 大机组仅仅承担 200 万～300 万 m^2 的供热面积，没有发挥出热电联产的优点。此外，由于国内天然气管网设施不完善以及价格改革等原因，天然气在全国的供应时不时会出现问题，容易造成"气荒"。一旦出现气源紧张，燃气供暖自然得不到保障。

目前，我国地热供暖的区域主要集中在北京、河北、天津等地热资源丰富且供暖需求较大的城市。根据 2015 年世界地热大会中我国报告的数据，2014 年我国常规地热供暖总面积达到了 6 032 万 m^2。其中，天津市位居第一，其供暖面积达到了 1 900 万 m^2，河北省以 1 380 万 m^2 排名第二位，其他发展较好的地区还包括山东、陕西、北京、河南等省市。地热供暖的总设备能力为 2 946 MWt，每年可利用热能 33 710 万亿 J，均达到了 2009 年的 2.8 倍左右。1990—2014 年，我国常规地热供暖面积由 190 万 m^2 增至 6 032 万 m^2，CO_2、SO_2 等污染物减排量逐年增加，如表 4-2 所示。

表 4-2　我国地热供暖发展情况

类别	1990 年	1999 年	2004 年	2007 年	2014 年
供暖面积/万 m²	190	800	1 270	1 700	6 032
供生活热水/万户	1	20	30	40	—
CO_2 减排/万 t	42.3	204.3	321.5	429.8	—

4.2.3.2　我国现行地热供暖相关政策

我国于 2006 年 1 月开始实施《可再生能源法》，第一次将地热能明确列入了鼓励发展的新能源范围内，并强调国家将优先鼓励和推动可再生能源的开发利用，为此后地热能在我国的开发和利用奠定了坚实的基础。在接下来的数年中，我国又在应对气候变化、可再生能源发展、建筑节能、地源热泵推广应用等方面颁布了相应的政策法规及条例，直接或间接地对我国地热供暖的发展起到了极大的推动作用。主要内容包括：改变能源结构、提高可再生能源的比重；稳步推进地热能的调查评价及开发利用；为地热能的发展提供财税支持；制定短期及中长期的发展目标等。2013 年年初，国家能源局、财政部、国土资源部、住房和城乡建设部颁布的《关于促进地热能开发利用的指导意见》更是第一个专门针对促进地热能开发利用的政策，表现了国家对于地热能在应对气候变化、促进节能减排中作用的肯定，也表现出了对其开发利用的鼓励和推动。近年来国家颁布的相关政策法规如表 4-3 所示。

表 4-3　我国地热供暖促进政策

颁布时间	条例名称	相关内容
2008 年 12 月	《关于大力推进浅层地热能开发利用的通知》	对推进浅层地热能资源的调查评价、开发利用和监测等进行了工作部署
2009 年 12 月	《中华人民共和国可再生能源法》（2009 年修订）	要求编制可再生能源开发利用规划，对可再生能源的发展做出统筹安排
2011 年 8 月	《"十二五"节能减排综合性工作方案》	提出调整能源结构，大力发展地热能等可再生能源

颁布时间	条例名称	相关内容
2011 年 11 月	《中国应对气候变化的政策与行动》	明确提出要优化能源结构、发展清洁能源,因地制宜加快风能、太阳能、地热能等可再生能源开发
2012 年 7 月	《"十二五"国家战略性新兴产业发展规划》	指出加快发展包括核电、风电、地热和地温能等在内的技术成熟、市场竞争力强的新能源,并推进新兴可再生能源技术的产业化
2013 年 1 月	《能源发展"十二五"规划》	指出稳步推进地热能、海洋能等可再生能源开发利用;着力增加太阳能、地热能等可再生能源在建筑用能中的比重
2013 年 4 月	《关于促进地热能开发利用的指导意见》	从主要目标、重点任务和布局、加强管理、政策措施四个角度为地热能的开发利用提供全面的引导和支持
2017 年 1 月	《地热能开发利用"十三五"规划》	主要阐述了"十三五"期间地热能开发利用的指导方针和目标、重点任务、重大布局,以及规划实施的保障措施等
2017 年 12 月	《北方地区冬季清洁取暖规划(2017—2021)》	要求采取天然气、电供暖、地热能、生物质能等清洁能源供暖,提高清洁能源供暖比例

另外,随着城市化进程的加快,我国房屋建筑面积也呈现高速增长的趋势,目前我国每年都有约 20 亿 m^2 房屋建筑面积的增加,建筑能耗也逐年增加。建筑能耗主要包括空调、采暖、热水、照明等方面的能耗,其在我国能源总消费中所占的比重已经达到 27.6%,推行建筑节能、降低建筑能耗迫在眉睫。

因此,我国先后颁布了《民用建筑节能条例》《关于加快推动我国绿色建筑发展的实施意见》《绿色建筑行动方案》等政策方案,鼓励在新建筑和既有建筑中加强对太阳能、地热能等可再生能源的应用和推广。这些政策的颁布不仅有利于建筑节能的推进,也促进了我国地热供暖的发展。地热供暖具有资源丰富、清洁、可再生等优势,用途广泛,有供暖、供热水、制冷等多方面用途,成为我国推进建筑节能的选择之一。

4.3　中深层地热能供热应用

4.3.1　中深层地热能供暖现状

中深层地热能作为新兴的清洁绿色能源，其取之不尽、用之不竭的特性得到能源领域新能源行业的重视，且安全可靠、绿色环保、经济节能，其取热技术相对较为简单，对地域要求较低，可在北方地区大范围推广。利用中深层地热能可以节约能源、减少污染、有利生产，可以有效提高综合经济效益、环境效益和社会效益。中深层地热能开发利用的方针和原则是"坚持因地制宜，广开热源，技术先进，经济合理"，逐步提高城市集中供热的普及率。截至 2015 年年底，中深层地热能供暖面积达 1.02 亿 m^2，主要分布在北京、天津、河北、山东、陕西、河南等地区。根据《地热能开发利用"十三五"规划》，"十三五"期间中深层地热能新增供暖面积 4 亿 m^2。在地热资源的开发和利用中根据资源条件，合理实施，因地制宜，避免浪费，提高热能综合利用率。随着我国社会经济的发展，地热能源的发展水平逐步提高，从单一的粗放型开发转向集约利用发展，地热资源将为中国经济发展做出更大贡献。

中深层地热地埋管供热系统应用技术是近年来兴起的一种新的中深层地热能供热技术，目前在陕西关中地区得到了广泛的应用和推广。中深层地热地埋管供热系统的利用不受地域限制，只与热源井深浅和井口介质温度高低有关，陕西关中盆地的沉积岩下部就具备中深层地热资源开采条件。截至目前，据不完全统计，陕西省使用该技术进行建筑供热的项目供暖面积已超过 600 万 m^2，计划项目超过800 万 m^2，2020 年实现 2 000 万 m^2 的供热规模。2015 年，陕西省西安市西咸新区沣西新城以同德佳苑为实验区域进行供热，运行效果良好。

4.3.2 中深层地热能供热应用案例

4.3.2.1 项目简介——丰京苑中深层无干扰供热项目

西咸国际文化教育园丰京苑村民安置小区位于西安市中央大街以东、文教一路以南，文韵三路以西，文教三路以北。项目规划总用地面积约 132.7 亩[①]，总建筑面积约 40.18 万 m^2，住宅区为 1#～13#楼，周边商业为 2～3 层，约 5 万 m^2。

丰京苑中深层无干扰供热项目建设内容主要为丰京苑棚改项目南区、北区的供热站房及配套工艺管网。供热系统拟在南区、北区各建设供热站房 1 个，南区、北区各设计换热孔 9 个，建筑用能面积约 28 万 m^2。北区供暖总负荷 5 490 kW，南区供暖总负荷 5 370 kW，冬季提供 50℃/40℃采暖热水。图 4-4 为项目机房及井架。

图 4-4 项目机房及井架

---

① 1 亩≈666.667 m^2。

4.3.2.2　系统设计

丰京苑项目热源由中深层地热地埋管供热系统提供，出水温度为 50℃，采用直供的方式进行供热。北区供热站房低区设 2 台中深层地热泵机组，高区设 1 台中深层地热泵机组，设计换热孔 9 个。南区供热站房低区设 2 台中深层地源热泵机组，高区设 1 台中深层地源热泵机组，设计换热孔 9 个。换热孔间距 15 m，深度 2 500 m，地热水进入机组温度约 35℃，经机组提升至 50℃进入管网。主要供热设备如表 4-4 所示。

表 4-4　供热机房主要设备

区域	设备名称	参数	数量	备注
北区	中深层地源热泵机组	制热量 1 510 kW，制热功率 270 kW	2 台	低区
	中深层地源热泵机组	制热量 2 839 kW，制热功率 491 kW	1 台	高区
	热水循环水泵	流量 150 t/h，扬程 32 m，功率 22 kW	3 台	两用一备
	热水循环水泵	流量 130 t/h，扬程 32 m，功率 15 kW	3 台	两用一备
	全自动软水器	流量 18～20 t/h	1 台	
	软化及缓冲水箱	3 000×2 000×1 500（h）	1 个	
	立式多级离心泵	流量 9 t/h，扬程 60 m，功率 3 kW	2 台	一用一备 低区补水泵
		流量 8 t/h，扬程 120 m，功率 5.5 kW	2 台	一用一备 高区补水泵
		流量 9 t/h，扬程 15 m，功率 0.75 kW	2 台	一用一备 地热井补水泵
南区	中深层地源热泵机组	制热量 1 967 kW，制热功率 355 kW	2 台	低区
	中深层地源热泵机组	制热量 2 839 kW，制热功率 491 kW	1 台	高区
	热水循环水泵	流量 150 t/h，扬程 32 m，功率 22 kW	3 台	两用一备
	热水循环水泵	流量 130 t/h，扬程 32 m，功率 15 kW	3 台	两用一备
	全自动软水器	流量 18～20 t/h	1 台	
	软化及缓冲水箱	3 000×2 000×1500（h）	1 个	
	立式多级离心泵	流量 9 t/h，扬程 60 m，功率 3 kW	2 台	一用一备 低区补水泵
		流量 8 t/h，扬程 120 m，功率 5.5 kW	2 台	一用一备 高区补水泵
		流量 9 t/h，扬程 15 m，功率 0.75 kW	2 台	一用一备 地热井补水泵

4.3.2.3 效益分析

（1）环保效益

经多个项目测算，采用中深层地热能供热，在一个采暖季（4 个月），以 1 000 万 m^2 建筑为例，与燃煤锅炉相比，能节省使用标准煤 19.2 万 t，减少 CO_2 排放量约 51 万 t，减少 SO_2 排放量约 1 630 t，减少 NO_x 排放量约 1 420 t，减少粉尘排放量约 9 600 t。

丰京苑无干扰供热项目的顺利实施，为区域治污减霾、节能减排提供了可借鉴的样本。完全验证了该技术具有普遍适用、绿色环保、保护地下水资源、高效节能、系统寿命长、安全可靠的特点。

（2）经济效益

本项目属于城市基础设施配套范畴，由陕西西咸新区沣西能源发展有限公司建设运营。中深地热地埋管系统建设主要包含换热孔、输热管道和供热机房，其核心部分为换热孔施工前期，总投资约 7 000 万元，总供热面积约 28 万 m^2。本项目财务基准收益率取 7.5%，设定计算期 31 年，其中建设期 1 年，运营期 30 年，运营期前三年分别按 55%、70%、85%运行率计算，第四年之后按 100%计算。

营业收入估算。本项目供热需求（住宅供热）面积约为 28 万 m^2。参照西安市市政集中供热收费标准：住宅 5.8 元/（m^2·月），按采暖季 4 个月计算。项目达到设计供热能力后，年供热收入为 649.6 万元。根据城市基础设施配套费收费标准等相关文件，项目可享受 120.8 元/m^2 的补贴收入，根据供热面积计算得出本项目约有 3 382.424 万元可作为一次性补贴收入计入运营期内。

中深层地热供热运行成本主要包含水费、电费、人员管理费和维护保养费，经测算年平均总成本费用为 316 万元，年平均利润总额 420 万元，年平均上缴所得税 105 万元，年平均净利润为 315 万元，年平均息税前利润为 455 万元。

经测算，项目总投资收益率为 6.48%，项目投资财务内部收益率分别为 11.41%（所得税前）和 7.96%（所得税后），高于设定的基准值；项目投资回收期为税前

9.12 年，税后 12.62 年（含建设期）。主要财务指标计算结果如表 4-5 所示。

表 4-5　主要财务指标计算结果

序号	指标名称	单位	数值	参考数值
经济数据				
1	年平均营业收入	万元	630	
2	年平均营业税金及附加	万元	6	
3	年平均总成本费用	万元	316	
4	年平均利润总额	万元	420	
5	年平均所得税	万元	105	
6	年平均净利润	万元	315	
7	年平均息税前利润	万元	455	
8	年平均增值税	万元	50	
财务评价指标				
1	总投资收益率	%	6.48	
2	项目资本金净利润率	%	14.90	
3	项目投资财务内部收益率（所得税前）	%	11.41	
4	项目投资财务净现值（所得税前）	万元	1 838	$I_c=7.5\%$
5	项目投资回收期（所得税前）	年	9.12	
6	项目投资财务内部收益率（所得税后）	%	7.96	
7	项目投资财务净现值（所得税后）	万元	237	$I_c=7.5\%$
8	项目投资回收期（所得税后）	年	12.62	
9	项目资本金财务内部收益率	%	9.60	

从盈利能力分析计算结果可以看出，财务内部收益率大于项目要求的基准收益率，说明盈利满足了项目的最低要求；财务净现值大于零，该项目在财务上的数据是可以接受的；项目的资本金净利润率和总投资收益率均超过项目要求，说明本项目投资在财务评价上是可行的。本项目虽然每年盈利，但由于初期投资较大，投资回收期仍然较长。

（3）社会效益

丰京苑小区作为西咸新区文教园区首个安置小区，主要用于园区规划范围内拆迁群众的集中安置。该小区内部功能布置齐全，现代、舒适宜居的品质生活，让老百姓住得安心、放心、舒心。目前该项目已经运行一个供暖季,供热温度持续稳定,为小区用户提供了高性价比的供热服务,提高了供热行业服务水平。

4.3.2.4 存在的问题

1)中深层地热供热作为低品位热源供热,供回水温度 50℃/40℃,无法应用于有蒸汽需求的医院、工业等项目。但在清洁低碳和后期收益方面中深层地热供热更具优势。因此,在城市供热中,建议在已有集中供热管网覆盖且热源稳定的区域优先使用集中供热;在集中供热管网无法覆盖的区域,建议使用中深层地热供热;在有蒸汽需求的项目中,可以配备以中深层地热供热为主,燃气锅炉调峰并辅助供应蒸汽的综合能源系统。

2)该技术初始投资高,项目投资回收期较长。项目平均投资回收期为 15～20 年,主要是换热孔的投资成本过高。同时,供暖季一年中只有 4 个月,对换热孔及管道的利用率较低。如果考虑应用"多能互补、集成优化"综合能源供应模式,实现"一站式"热、冷、蒸汽、热水的多元供应,可以对换热井、换热管道进行合理的利用,同时延长供能时间,这样能有效缩短项目投资回收期。

4.4 本章小结

本章首先从地热能的应用现状进行阐述,在分析现状的基础上,对地热能未来的发展趋势进行简单分析,在国内大力发展可再生能源的大背景下,地热产业得到了大力发展,并且地热能的梯级利用、中深层地热的开发将是地热能未来发展的主要方向。

其次,对北方城市供暖现状进行分析,我国已经形成以集中供暖为主、多种清洁供暖方式为补充的发展格局。大力发展清洁、低碳、经济的绿色能源是供热行业的必选之路。中深层地热能作为新兴的洁净绿色能源,其取之不尽、用之不竭的特性越来越被能源等行业重视,其取热技术相对简单,对地域要求较低,可在北方地区大范围推广。然后，对中深层地热地埋管系统应用技术在供热方面的应用案例加以介绍分析验证，该技术具有普遍适用、绿色环保、保护地下水资源、高效节能、系统寿命长、安全可靠的特点。但目前存在初期投资高的缺点，未来需探索综合能源供应的应用模式。本章梳理了地热能在北方城市供热中的应用现状、未来发展的前景以及推广应用过程中存在的问题，为中深层地热能在城市供暖领域的推广应用提供重要的参考案例。

最后，本章对地热能在综合能源系统中的重要作用以及发展前景进行阐述，并对其应用的典型案例进行分析，厘清综合能源供应所带来的经济效益、环境效益及社会效益，为地热能利用模式多元化提供一定的经验。

第 5 章
综合能源系统发展背景下地热能的应用

5.1 综合能源系统

5.1.1 综合能源系统基本概念

综合能源系统是指在规划、建设和运行等过程中，对各种能源产生、传输与分配（供能网络）、转换、存储、消费、交易等环节实施有机协调与优化，进而形成的能源产销一体化系统，是能源互联网的物理载体，它主要由供能网络（如供电、供气、供冷/热等网络）、能源交换环节［如冷热电联产（Combined Cooling, Heating and Power，CCHP）机组、发电机组、锅炉、空调、热泵等］、能源存储环节（触点、储气、储热、储冷等）、终端综合能源供用单元（如微网）和大量终端用户共同构成。

随着社会的发展和人口的加速膨胀，地球资源将越来越枯竭。科技的发展和技术水平的进步，使人类强烈地想利用自己的智慧对地球上的可再生能源加以利用。现如今全球资源紧缺，传统能源日益消耗殆尽，日益增强的环境保护意识与高能耗污染企业之间的矛盾加剧，大力发展可再生能源以及提高可再生能源的利用效率成为解决这一矛盾的关键，提高能源的利用效率使得用户体验更好，由此行业内专家提出了"综合能源系统"这一概念。

理论上来讲，综合能源系统并非一个全新的概念，其最早来源于热电协同优化领域的研究。在能源领域中，长期存在着不同能源形式协同优化的情况，如 CCHP 发电机组通过高低品位热能与电能的协调优化，达到燃料利用效率提升的目的。冰蓄冷设备则可协调电能和冷能（也可视为一种热能），以达到电能削峰填谷的目的。本质上来讲，CCHP 和冰蓄冷设备都属于局部的综合能源系统。

综合能源系统可以实现不同能源形式之间的转换，如可以将过剩电能转化为易储存的氢能等其他能源形式，从而实现可再生能源的高效利用与大规模消纳，从根本上对能源结构进行调整，促进可持续发展。此外，由于各个能源系统之间的互联，所以当某个能源系统出现故障时，其他的能源系统可通过获取相应信息，利用能源之间的转换弥补故障时的供能缺额，为能源系统在紧急情况下的协调控制提供多种路径，从而实现整个综合能源系统的稳定与可靠运行。

综合能源系统的主要特点是多能协同和优势互补，从而实现能源的梯级利用和循环利用。面对当前的能源和环境形势，为了实现我国能源的绿色发展、循环发展和可持续发展，需要积极寻求新的能源发展道路。

5.1.2　综合能源系统现状及发展前景

5.1.2.1　发展现状

综合能源系统相关技术一直受到世界各国的重视，不同国家往往结合自身需求和国情特点，各自制定了适合自身的综合能源发展战略。

美国在 2001 年提出了综合能源系统发展计划，目标是促进分布式能源（Distributed Energy Resources，DER）和热电联供（Combined Heating and Power，CHP）技术的推广应用以及提高清洁能源使用比重。2007 年，美国颁布了《能源独立和安全法》（EISA），以立法形式要求社会主要供用能环节必须开展综合能源规划；随着天然气使用比例的不断提升（如 2011 年后美国 25%以上的能源消耗源于天然气），美国自然科学基金会、能源部等机构设立多项课题，研究天然气与电力系统之间的耦合关系。

　　加拿大将综合能源系统视为其实现 2050 年减排目标的重要支撑技术，而关注的重点是社区级综合能源系统（Integrated Community Energy System，ICES）的研究与建设，为此加拿大政府在 2009 年之后颁布了多项法案，以助推 ICES 研究、示范和建设。

　　日本因为地少人多，对综合能源服务这种新型的能源模式有着很强的追求。2010 年日本就成立了研究机构，根据自身的国民居住特点建立了社区综合能源服务系统，包括供热、供电和燃气，目前这套系统已经日趋成熟。2012 年，日本跟随美国开始向大型综合能源服务系统转型。

　　在我国，清华大学、华南理工大学、天津大学等高等学府也着手进行综合能源系统的研究。同时，我国还加强国际合作，将构建清洁、安全、高效、可持续的综合能源供应系统和服务体系作为长期目标。湖南株洲轨道智谷园区综合智慧能源项目建设综合智慧能源站，综合调度园区的能源供给。长沙黄花机场天然气热电冷多联供示范项目，结合大数据能耗分析实现对水、电、燃气信息的实时监控，为机场的节能减排提供决策参考。神农城泛能站项目使用三联供能源梯级利用技术，利用能源中的余热，提高神农太阳城及其规划控制区域内综合供能的技术水平。江苏的红豆工业园区综合能源项目通过能源协同优化系统的管控，提高了整个园区的综合能源利用效率，取得了良好的节能减排效果和经济效益。广东东莞的松山湖综合能源项目，通过综合能源管控平台对电、热、冷进行综合管控，提高园区用能可靠性，降低用户的用能成本。天津北辰商务中心办公大楼综合能源示范工程，利用居民负荷和工商业负荷的互补性，通过综合能源智慧管控平台提高了用能能效比。天津中新生态城示范项目，利用太阳能、风能、地热能等再生能源，结合多种能源转换设备使得电能、热能、冷能使用环节密切配合，实现园区不同分布式电源优势互补、能源的阶梯高效利用。崇明岛示范工程，通过多种可再生分布式电源的安全并网和就地消纳，充分发掘了可再生能源的利用潜力。

　　典型的应用案例如国网江苏公司在苏州同里新能源小镇项目中应用综合能源系统，开展"同里综合能源服务中心工程"示范项目。"同里综合能源服务中心"

建设是同里新能源小镇建设的一期工程，占地面积约 3.5 万 m²，在该镇建设一批示范项目，以展示用能方式的变革；二期工程把中心打造成服务于同里新能源小镇和同里镇开发区建设的服务中心，根据同里新能源小镇建设规划，服务面积约 17 600 万 m²。从建设定位来说，整个区域将建成绿色智能的能源微网——智慧的、以电为中心、以电网为平台、多能互补智能配置的绿色能源微网，冷、热、电同时供应，是一个集能源生产、服务、展示、研发、办公于一体的、具有江南水乡特色的绿色园区。目前，能源创新类项目于 2018 年 10 月 18 日前均已建成投运，全部建成后园区的清洁能源占比将达到 70%。一期工程涵盖 15 项世界领先的能源创新示范工程，如图 5-1 所示。

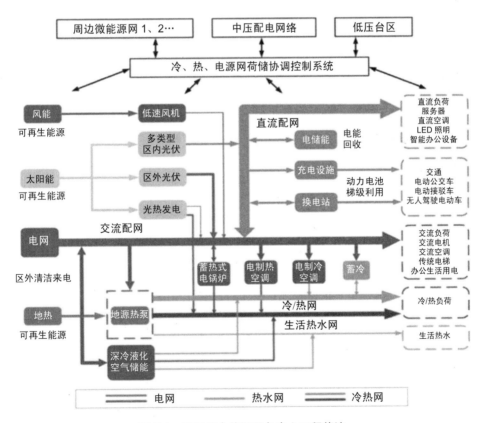

图 5-1 同里综合能源服务中心工程能流

　　具体包括：①多能综合互补利用项目，光伏装机容量 477 kW，4 个 5 kW 的低风速垂直轴风机，2 200 kW 地源热泵冰蓄冷系统；②微网路由器，同时是国家重点研发计划项目；③压缩空气储能系统；④预制舱式储能系统；⑤高温相变储热系统；⑥高温相变光热发电；⑦源网荷储协调控制系统；⑧低压直流配电环网；⑨中低压交直流配套系统；⑩同里综合能源服务平台；"三合一"电子公路；负荷侧虚拟同步机、绿色充电站、同里综合能源服务平台、综合能源展示中心。

　　综合能源系统是多能互济、能源梯级利用等理念实现应用的关键，目前国内对该领域相关研究尚处于起步阶段，需要国家机构、能源供应商以及地方用户的广泛参与。我国已通过"973"计划、"863"计划、国家自然科学基金等研究计划，启动了众多与综合能源系统相关的科技研发项目，并与新加坡、德国、英国等国家共同开展了这一领域的多项国际合作，内容涉及基础理论、关键技术、核心设备和工程示范等多个方面。国家电网有限公司和中国电网有限责任公司、天津大学、清华大学、华南理工大学、河海大学、中国科学院等研究单位已形成综合能源系统领域较为稳固的科研团队和研究方向。

5.1.2.2　发展前景

　　从区域能源互联网到全球能源互联网，能源互联网是能源与信息深度融合的产物，是推动能源改革的必然之路。要想做好综合能源服务，首先要确定客户的需求，通过最新的技术精准地预测客户的用能需求，从而为客户提供直接的服务。未来的能源服务在设备服务方面，需要对配电设备实时监控，减少运行值班人员，提前检修设备，加强抢修故障能力，备品备件委托管理，电机水泵的监控与维保，电气火灾防范等。用电（能）的节约要关注以下几方面：三级能耗监测、分级能耗指标与评估，电能质量与线损管理，能效诊断与优化，异常的用能监管，节能工程与合同能源管理，余热余压利用。电费的优化要关注以下几方面：购电代理与负荷集成，最佳购电策略与交易分解，需求量管理与优化，负荷计划，预测优化，电费承包等方面。

综合能源服务在电力物联网的深度融合，利于整合上下游产业链，拉动产业聚合成长，打造综合能源服务产业生态圈，培育新业务、新业态、新模式。综合能源服务产业生态圈包括电网企业、互联网及物联网企业、金融机构、服务商、用能企业、其他能源企业、发电企业、政府部门。其中政府部门制定物联网发展的政策、机制，提供配套资金，推动统一标示系统的制定，监管物联网安全。物联网和互联网企业提供物联网基础设施、网关等产品和技术方案，深入引用场景、以"产业+互联网/物联网"的方式，提供通用及定制化物联网解决方案。其他能源企业包括天然气、热力、自来水等企业，积极融入能源大数据拼接以及能源的泛在转化与路由器的新要求，成为综合能源体系中的有机一环。综合能源业务驱动力从工程驱动到服务驱动再到数据驱动。早期的工程驱动是为了满足企业的用能需求，以关系营销、工程项目为主进行基础建设和投资，其单一的合同价值高，后续增值业务较少。服务驱动则是满足企业用能服务的安全经济优质的需求，开始逐步向客户价值营销，关注服务价值和质量，后期有持续的合作，单一的合同价值不高。数据驱动满足企业客户精益化用能和能源优化需求，以客户价值进行营销，关注服务效率的提升和价值闭环，可以通过数据挖掘持续产生价值，从而持续签订合同。从业务数据化到数据业务化，从小数据到中数据最后到大数据，随着科技的发展和进步，相信未来综合能源的业务可以快速发展。

5.2　多能互补及能源互联网

5.2.1　多能互补概述

多能互补并非一个全新的概念，在能源领域中，长期存在着不同能源形式协同优化的情况，几乎每一种能源在其利用过程中，都需借助多种能源的转换才能实现高效利用。而集成优化是在能源系统"源—网—荷—储"纵向优化的基础上，通过能源耦合关系对多种供能系统进行横向上的协调优化，其目的是实现能源的梯级利用和协同调度。多能互补是针对不同能源的资源禀赋和用户能源消费特性，利用不同能源间的互补特性，合理供给输出能源，有利于缓解能源供给和能源消费间的矛盾，保障能源的合理利用，充分发挥清洁能源的环境友好特性，从而实现系统整体的经济效益和环境效益。多能互补针对不同能源的资源特性，结合用户的消费行为，通过能源间的相互补充作用，形成多元化的能源供给结构体系，实现能源的梯级互补利用，最终实现提高能源利用效率的目标。

多能互补集成系统一般有两种模式：一种是终端一体化多能互补系统。这类系统面向终端用户提供电、热、冷、气能多种用能需求，通过天然气"热电冷"三联供、分布式可再生能源等方式，实现多能协同供应和能源综合梯级利用；另一种是大型综合能源基地多能互补系统。这类系统利用大型综合能源基地风能、太阳能、水能、煤炭、天然气等资源组合优势，实现风、光、水、火、储等多能互补系统统一输送。

随着科学技术的不断发展，能源监控技术、控制技术和管理技术不断完善，各种新型的能源利用系统不断被开发和广泛应用，不同能源之间耦合越来越紧密，基本实现了多能源功能利用状态下的能源优势互补。综合能源系统是多能互补在区域能源供应中重要的实现形式，通过能源源、能源网、用能点等协调和紧密互动，实现功能系统的全面科学分析、设计和运行。这与计算机技术的发展有密切联系。综合能源系统一般涵盖供电系统、供热系统、供水系统以及其他基础能源供给系统。多能互补系统的构建核心相对单纯，通过优化能量生产、传输、存储和管理等方面，在充分考虑系统稳定性的基础上，实现各个能源系统的协调与配合，以集成化的方法提高能源利用效率，进而降低生产成本。

5.2.2　能源互联网

5.2.2.1　能源互联网核心内涵

传统能源体系中，化石能源扮演着核心角色，然而它不可持续且日益匮乏。高速、粗犷的能源利用方式，不仅加剧能源危机，还对环境产生极其恶劣的影响。

大力发展可再生能源已经成为推动社会转型和发展的必然潮流。而能源互联网旨在降低经济发展对传统化石能源的依赖程度，最大程度上提高可再生能源的利用效率，从根本上改变当前的能源生产和消费模式。能源互联网的提出，打破了传统能源产业之间的供需界限，最大限度地促进煤炭、石油、天然气、热能、电能等一次、二次能源类型的互联、互通和互补；在用户侧支持各种新能源、分布式能源的大规模接入，实现用电设备的即插即用；通过局域自治消纳和广域对等互联，实现能量流的优化调控和高效利用，构建开放灵活的产业和商业形态。能源互联网是能源和互联网深度融合的产物，受到了学术界和产业界的广泛关注。

能源互联网是指一种互联网与能源在生产、传输、存储、消费以及能源市场领域深度融合的新形态能源产业，其具有多能互补、设备智能、信息对称、供需分散、交易开放等特征。随着经济社会的较快发展和"互联网+"理念的不断深化，传统能源行业与信息技术产业持续融合，推动了能源的合理优化利用，呈现出新的能源利用模式。

目前，我国正处于能源革命、能源供给侧改革、电力体制改革的关键时期，能源互联被认为是能源战略的重要支撑，对促进可再生能源消纳、提升能源综合利用效率、推动能源市场开放和产业升级、提升能源国际合作水平具有重要意义。鉴于此，电力系统发展的主要方向应该紧扣能源革命和电力市场化改革的要求和内涵，大力发展和促进可再生能源发电，构建低碳化、智能化、信息化、便捷化、高效化的新型电力系统。一般认为，首次明确提出能源互联网概念的是美国学者杰里米·里夫金（Jeremy Rifkin），他在 2011 年出版的《第三次工业革命》中对能源互联网相关概念进行了介绍。在中国，能源互联网被提出之前已有一些类似概念形成。例如，贾宏杰等提出了区域综合能源系统，钱志新等提出了新能源互联网，曾鸣、刘吉臻等提出了区域多能源体等。其中，由于相关专家研究的延续性，区域多能源体的概念与后续官方能源互联网定义更为接近。区域多能源体指的是多种能源资源多维协同、多方互动的一体化能源供用实体，主要包含一定区域内的能源供应主体、能源传输主体和能源消费主体，它的主要目标是实现"源—网—荷—储"的整体协调和相互配合。从区域角度来说，区域多能源体中区域的划分依据不仅包括传统行政因素，还包括能源资源禀赋、地理位置以及国家能源发展战略，并可从区域内部和跨区域两个层面进行理解。区域内部这一层面可搭建由能源开发利用、电能生产、电能传输、电能使用四部分组成的多能源实体，并对这四部分开展有效的协同；跨区域这一层面则应当根据不同区域多能源体的资源禀赋并通过特高压电网等拥有较高效率的电力输送渠道完成不同区域多能源体之间的协调发展。从能源的供应与需求角度来说，区域多能源体既要在一定区域内部完成能源资源的整体规划、统筹开发、协同安排，从而达到不同能源资源相互配合的效果；同时又要完成电能生产和传送的协调配合，并将需求侧状况充分考虑进电力系统调控中，使需求侧和储能系统形成相互配合的机制，从而达到"源—网—荷—储"整体配合的效果。

5.2.2.2 能源互联网技术特征

（1）基本架构

能源互联网可以分为三个层级：物理基础，多能协同能源网络；实现手段，信息物理能源系统；价值实现，创新模式能源运营。如图 5-2 所示。

1）物理基础：多能协同能源网络

能源协同以电力网络为主体骨架，协同气、热等网络，覆盖包含能源生产、传输、消费、存储、转换各环节的完整能源链。能源互联依赖于高度可靠、安全的主体网架（电网、管网、路网），具备柔性、可扩展的能力，支持分布式能源（生产端、存储端、消费端）的即插即用。

能源转换是多能协同的核心，其包括不同类型能源的转换以及不同承载方式的能源转换。不同类型的能源转换在能源生产端除了常规的利用发电机等各种技术手段将一次能源转换成电力二次能源外，还包括如电解水生成氢燃料、电热耦合互换等多种形式。在能源消费端，能源转换是指能源消费者可以根据效益最优的原则在多种可选能源中选择消费。

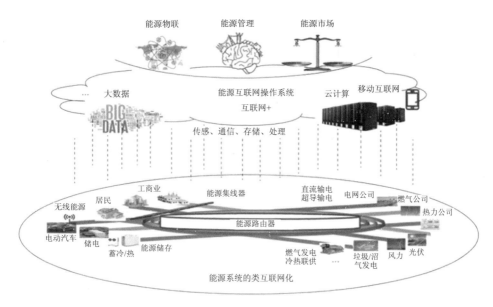

图 5-2　能源互联网基本架构

能源存储在多能协同的环境下必将愈发凸显其重要地位。能源存储也不再局限于电能的存储与释放，冰蓄冷、熔盐蓄热、氢气、压缩空气等均是能源存储的发展方向。如果氢燃料电池以电动汽车等途径进入千家万户，氢气或液氢的存储将可以提供持续的清洁可控电能，成为分布式太阳能和风能的重要补充。

能源传输本身也具有多样性，如可持续传输的电网、管网等方式，非连续传输的航运、火车、汽车等，因此能源互联网必将呈现出形态各异的实现方式。

多能协同能源网络将首先实现能源局域网，以微电网技术为基础，将冷、热、水、气等网络互联协调，实现能源的高效利用。以能源局域网为基本节点，以电网、管网为骨干网架，由点及面形成广域互联，即能源广域网。多能协同能源网络为整个能源链的能源互补、优化配置提供了物理基础，其整体效能的最大化离不开信息物理系统的融合。

2）实现手段：信息物理能源系统

物联网、大数据、移动互联网等信息技术的飞速发展，可为涵盖能源全链条的效率、经济、安全提供有效支撑。智能电网在信息物理系统融合方面做了很多基础性的工作，实现了主要网络的信息流和电力流的有效结合。在能源互联网下，信息系统和物理系统会渗透到每个设备，并通过适当的共享方式使每个参与方均能获取所需要的信息。信息物理融合的能源系统必将产生巨大的价值，第一阶段的价值体现在信息获取上；第二阶段的价值体现在优化管理上，通过多能协同优化和调度，可以从整个能源结构的角度实现社会总体效益最大化；第三阶段的价值体现在创新运营上，在信息开放、共享的基础上，运用互联网思维，创新商业模式，带动市场活力，实现经济增量。

3）价值实现：创新模式能源运营

创新模式能源运营要充分运用互联网思维，以用户为中心，创造业务价值。在具有活力的市场环境下，包括能源生产、传输、消费、存储、转换的整个能源链相关方均能广泛参与，必然会有一大批具有创新能力的能源企业脱颖而出，如能源增值服务公司、能源资产服务公司、能源交易公司、设备与解决方案的电子商务公司等，从而带动能源互联网整体产业发展。以能源消费环节为例，传统的产业价值模式是能源供应商给能源消费者提供能源和可靠性、通用服务，并从能源消费者中获取收益，而在能源互联网环境下，除了能源和可靠性、通用服务外，能源供应商还可以为能源消费者提供节能服务、环境影响消减以及个性化服务，而能源消费者还可以在需要时反向为能源供应商提供能源、需求侧响应、本地化信息等，从而使得信息流和资金流从单向变为双向。

创新模式能源运营需要监管者能够致力于构建以传统电网为骨干，充分、广泛和有效地利用分布式可再生能源，满足用户多样化能源电力需求的一种新型能源体系结构与市场；为运营者提供一个能够与能源终端用户充分互动、存在竞争的能源消费市场，使其提高能源产品的质量与服务，赢得市场竞争；不仅为能源终端用户提供传统电网所具备的供电功能，还为其提供一个可以进行各种能源共享的公共平台。

（2）典型特征

从能源互联网内部结构来看，能源互联网兼顾电网、热网、天然气网、石油管道、信息网等多个能源网络，能够充分、有效地利用传统能源和新型分布式可再生能源，从而满足终端用户多样化的能源需求。从能源互联网的运营角度来看，能源互联网能提供能源供给者与消费者实时互动、相互竞争的能源市场，只有能源供给者提高供给效率、提升供给质量才能赢得市场。从消费者角度来看，能源互联网为消费者提供公共能源交换和共享平台，既让消费者能够充分表达自身意愿，又能满足消费者的各种要求。总之，能源互联网具有可再生性、分布式和互联性、开放性、智能化的内容特征。

1）可再生性

可再生性是针对能源互联网内的供应主体而言的，可再生性的能源具有间歇性与波动性大的缺点，因此大规模的可再生能源接入能源网络会对传统能源系统造成冲击，使能源网络适应能源可再生性的发展需要和特征。

2）分布式

可再生能源与传统能源最大的不同就是其具有极强的分散性，可再生能源的收集、存储不易，能源互联网能够克服可再生能源的分散性、间歇性与波动性等不易收集、存储的困难，能够最大效率地就地收集、存储可再生能源，使单个规模较小、分布范围较广的能源供应点成为一个个分布节点，从而使能源互联网具备分布式的特征。

3）互联性

能源互联网应用大量分布式的可再生能源的分散性和间歇性特征使得网络局部并不能实现能源的自给自足，需要在能源网络中相互交换以达到能源供给与需求的平衡。能源互联网安装了大量的分布式发电装置、能源传输装置和能储存装置，能够实现不同分散的可再生能源之间的互联、互通。

4）开放性

能源互联网与传统集中式的分层级的结构不同，是一个能源供给主体与需求主体对等、扁平化结构的能源双向流动的网络，能实现网络的资源开放、共享。能源互联网中安装了大量"即插即用"的设备装置，这些装置都是开放的，每一个用户既可以消耗能源，也可以随时将自身多余的能源接入网络。

5）智能化

能源互联网的建设以智能电网为基础，能源的接入、传输、储存、转换、消费等都具有一定的智能性，能够预测网络内各个用户的需求量，从而能够按照用户的需求自动进行能源的生产和传输。此外，能源互联网还能根据网络能源的生产状况，采取价格措施调节用户的能源消费。

5.2.3 能源互联网对多能互补的驱动影响

能源互联网的核心理念是多能互补、多网耦合、支持大规模分布式设备接入、用户侧广泛参与信息技术的深入融合。能源互联网的构建不仅是在能源技术层面的革新，而且是一次针对能源生产、消费模式及能源政策体制的变革，更是对人类社会生产生活方式的一次重要革命。建设能源互联网并非简单依托现有的能源生产、消费模式和能源政策体制，而是要通过能源互联网相关技术的革命，带动能源在生产、消费、体制方面的变革以及其结构的调整，进而有力推动我国能源革命。

第一，通过智能家庭、智慧社区、智能交通等智能化终端设备和信息技术，终端消费者可实现信息的即时接收和处理，并根据市场信息做出用能决策，在多种能源之间自由切换，丰富了消费者使用能源的选项。同时，传统的"物理能源"消费理念逐步过渡到"物理和服务"综合消费理念，从而促进能源消费类型更加多元化。此外，能源互联网能够有效提升能源智能化消费水平，从而有效提升能源利用效率，系统运行的状态也得以优化提升。能源互联网中智能化用能辅助工具的广泛使用，将实现系统内能源供给、消耗的全覆盖监测，并开展综合能效分析、设计梯级利用方案、进行多环节协调管控。同时，实时智能响应系统可动态调整用能策略，反向优化能源互联网系统运行，改善系统运行状态。

　　第二，能源互联网的"多能互补，信息与物理融合"特性将推动能源技术革命。能源互联网是打破各能源子系统隔阂，实现多元能源在微观层面的自平衡和广域范围内的联动平衡的技术集成平台。该平台内的信息、设备都要求高度智能化、高度精确化，给能源技术体系带来不小的冲击。特别是局域网内的自平衡要求和广域范围内的联动平衡要求，对于当前能源系统规划、控制、运行等技术都是很大挑战。但是，正因为有技术上的不足和现实的需求，能源互联网将催生出多领域以及跨领域的能源技术，多能互补技术具有广阔的应用前景。2016 年 12 月，国家能源局公布了《首批多能互补集成优化示范工程评选结果公示》，评选出了 23 个多能互补集成优化示范工程，对于进一步促进可再生能源的开发利用，加快对化石能源的替代，实现可再生能源的最大化利用，提升能源利用效率，为我国构建清洁低碳、安全高效的能源体系具有重要的意义和作用。

　　结合我国目前正在开展的电力体制改革，多能互补集成示范基地对于进一步深化电改，完善电力交易机制具有重要的作用。随着多能互补技术的进一步发展，能源互联网将是以后的发展方向，将以互联网为主题的现代通信技术应用到能源的生产、传输、存储、消费中，提升能源的清洁利用和利用效率，促进产业升级。未来的电力网络将向着智能、高效、清洁和可靠的方向发展，作为构建"互联网+"智慧能源系统的重要任务，多能互补将向着容纳高比例波动性可再生能源电力的发、输、配、储、用一体化的局域电力系统发展，与大型能源网络结合，相辅相成，共同发展。

　　第三，能源互联网的"平等开放，广泛互联"特性将推动能源体制革命。市场机制建设为能源行业高效发展提供保障，政策体制建设为能源行业健康发展奠定基础，二者相辅相成。"平等开放，广泛互联"是能源互联网的基本特性之一，而开放、公平、高效的市场机制是能源互联网实现上述特性的基本保障，能源互联网在新技术、新理念的促进下必然向着这一目标发展。然而，全新市场机制和交易模式只能解决市场的效率问题。如果政策法规、监管体系等能源体制不改变，市场发展必然面临诸多风险。这种闭环式的催动作用，最终能有效推动我国能源体系改革的完成。

　　能源互联网将推动能源消费结构的巨大变革，对世界能源、经济、社会、环境可持续发展等具有重要意义。首先是推动能源供应多元化发展，保障能源安全，促进资源共享。世界各国正在面临能源枯竭、能源安全的挑战，发展新能源，推动能源多元化，是世界能源发展的主题。能源互联网倡导新能源、分布式能源、世界能源网络化发展，使能源来源渠道更加多元化，能源资源具有可再生性，同时能够调节能源平衡，解决能源贫困问题，促进资源共享，使世界各国具有稳定、安全的能源保障；其次是推动技术革新，带动新兴产业发展，有利于世界经济发展。能源互联网被认为是"第三次工业革命"的"引领者""发动机"，它是一个庞大的系统，涉及众多行业。推动能源互联网建设，将对现有能源产业及周边产业格局进行重新整合，提高资源利用效率，降低生产成本，促进世界经济的发展。特别是能源互联网涉及众多高新技术的广泛应用，促进新型产业的发展，促进世界经济的转型升级。最后，能源互联网有利于改善环境，减缓气候变暖对人类生活的威胁，促进人与自然和谐共存。能源互联网的核心是改善当前能源开发利用格局，减少人们对化石能源等传统能源的依赖，大力运用风电、太阳能、水电、地热能、生物质能等可再生、清洁能源，有利于减少化石能源过度使用对生态环境造成的污染，减少 CO_2 排放，使人与自然和谐共存。

5.3　地热能在综合能源系统中的应用

5.3.1　地热能在综合能源系统中的应用

　　根据《国家发展改革委　国家能源局关于推进多能互补集成优化示范工程建设的实施意见》，在新产业园区、新城镇、新建大型公用设施（机场、车站、医院、学校等）、商务区和海岛地区等新增用能区域，加强终端供能系统统筹规划和一体化建设，因地制宜实施传统能源与风能、太阳能、地热能、生物质能等能源的协同开发利用，优化布局电力、燃气、热力、供冷、供水管廊等基础设施，通过天然气"热电冷"三联供、分布式可再生能源和能源智能微网等方式实现多能互补和协同供应，为用户提供高效智能的能源供应和相关增值服务，同时实施能源需求侧管理，推动能源就地清洁生产和就近消纳，提高能源综合利用效率。在既有产业园区、大型公共建筑、居民小区等集中用能区域，实施供能系统能源综合梯级利用改造，推广应用供能模式，同时加强余热、余压以及工业副产品、生活垃圾等能源资源回收和综合利用。

地热能作为清洁能源中的重要一员，具有储量巨大、可再生和无污染、清洁、环保、就地取用等优势。在地热资源富集区域，利用目前的工艺条件，通过合理的开发技术和手段，能够获取经济实用的地热能，并且可以有机地融入区域能源综合利用系统。在发展利用过程中，出现多种综合能源系统利用模式。如"以浅层地热能为主，中深层地热为辅，其他清洁能源补充的方式"是一种区域供暖、供冷解决方案。另外，"地热+"综合能源系统的供能模式在雄安新区建设中得到了成功的应用，以中深层地热供热为基础热源，浅层地源热泵、再生水余热、垃圾发电余热作为辅助热源，燃气锅炉作为补充热源和供热安全保障。地源热泵+水源多联式空调系统、地源热泵+水源多联式空调住宅应用模式也被广泛应用。通过对地源热泵技术、地热梯级利用技术、余热利用技术等多种技术的不断创新和综合运用，为建筑供暖提供了更多富有针对性和时效性的解决方案。

地热能在清洁供暖中成为主导清洁热源。近年来，在清洁采暖趋势下，地热能作为一种清洁环保能源，正以其独有的优势在供暖领域展现出强大的生命力。地热能在综合能源供应系统中也具有很大的潜力。当有其他替代能源出现时，应适度降低空调冷、热源对电力的依赖。

5.3.2　应用案例（一）

在综合能源供应案例中，陕西西咸新区沣西新城建设了区内首座综合能源供应站——总部经济园综合能源供应站。此项目在绿化带建设地下综合能源站，以地面建筑作为参观走廊，综合利用太阳能光伏、中深层地热能等，同时结合大数据和云计算产业，搭建一个智慧能源的综合管控平台，打造一个智能的系统，为周边 69 万 m^2 的商业写字楼、办公酒店供冷、供热和供应生活热水。

5.3.2.1　项目简介——总部经济园综合能源供应站

沣西新城总部经济园位于陕西西咸新区沣西新城东北部，规划面积约 1 200 亩，东临沣河，北临渭河。园区以企业总部办公为主，着力打造一个集总部办公、科研会展、酒店公寓、商业消费等于一体，兼顾生活居住及社区配套功能的综合性总部企业园区。西咸新区总部经济园二期，园区以各类企业总部办公、写字楼为主，配备一定比例的商业、餐饮、酒店、车库及其他配套设施，满足入区企业的办公需求，并设计了多层不同风格的办公空间，为入园企业提供舒适、实用的办公环境和休闲环境。

总部经济园能源站项目位于沣西新城，能源站位于尚业路以南、沣景路以北、同文路以西和同德路以东的绿化带内。建筑面积约为 10 400 m^2，地上 1 层，局部 3 层，地下 1 层，局部 2 层。根据主要功能划分为能源站、配电室、控制室、空调机房及办公用房等，建筑高度约为 12 m。本项目为区域供能项目，主要为园区供热、供冷及供应生活热水，供能范围总建筑面积 69 万 m^2，项目设计冷负荷为 46 100 kW，设计热负荷为 31 000 kW。项目集成应用了中深层地热能、太阳能、蓄能技术和智慧控制系统，实现了多能协同供应和能源综合梯级利用。

5.3.2.2　系统设计思路

项目所在地陕西西咸新区地热资源丰富，地热能约为 35 050 万亿 kcal[①]，相当于约 50 亿 t 标准煤，是一个大型整装热矿水型地热田，就像一个完整的大型长方形盘子，城市规划区 300 km² 范围处于西咸地热田有利地段，具有良好的地热富集赋存条件。地热水温度高，咸阳市区地热增温梯度随深度增加而增高。据深

---

① 1 cal（平均卡）=4.19 J。

部钻井测温统计资料表明,地下 1 000 m 深度平均地温 54.5℃、2 000 m 深度平均地温 81.3℃、2 500 m 深度平均地温可达 95.4℃,是地热增温率较高的地区,3 000 m 深度以上的地热井出水温度均可高达 90℃以上,有的甚至可高达 120℃。

本项目采取中深层地热地埋管供热系统应用技术进行供能,该技术是通过钻机向地下 2 000～2 500 m 深度岩层钻孔,在孔中安装一种密闭的金属换热器,将地下深层的热能导出,并通过热泵系统向地面供暖的新技术,此技术具有绿色环保无污染、节能减排效果好、供热安全可靠等诸多优点。沣西新城已有成功运用中深层地热地埋管供热系统应用技术进行供热的项目,目前运行状况良好。基于以上优点,本项目考虑冬季采暖以中深层地热地埋管供热系统应用技术为主,其他能源补充的供冷、供热能源配置方案,提高本项目可再生能源利用率。

系统设计总体方案为中深地热地埋管系统供冷、供热+电制冷蓄能系统供冷+燃气锅炉调峰供热+光伏发电的多能互补有源方案。设备装机方案:建设中深层地源热泵机组 3 517 kW×5 台,中深层地热换热孔 30 个,燃气锅炉 3 500 kW×4 台,双工况离心机组 1 900RT×4 台,具体配置表如表 5-1 所示。能源站铺设屋顶光伏板,光伏发电采用"自发自用、余电上网"的方式,发电优先满足能源站内用电。配置蓄能设施,夜间利用低谷电蓄能,白天供能,节约能源,并增强了项目的经济性。

表 5-1　中深层地热地埋管供热综合供能系统配置

编号	设备名称	性能	数量	单位	备注
\multicolumn{6}{c}{（一）中深层地热地埋管供热系统相关设备}					
1	中深层地源热泵机组	$Q_热$=3 517 kW, G=310 m³/h $Q_冷$=3 517 kW, N=703 kW	5	台	
2	中深层地热换热孔	孔深 2 500 m	30	个	
3	供热循环泵	G=719 m³/h, H=78 m, N=250 kW	3	台	两用一备,一台泵对应两台机组
4		G=362 m³/h, H=78 m, N=132 kW	2	台	对应一台机组
5	供冷循环泵	G=1 208 m³/h, H=28 m, N=132 kW	2	台	一用一备,一台泵对应两台机组
6		G=664 m³/h, H=28 m, N=75 kW	1	台	对应一台机组

编号	设备名称	性能	数量	单位	备注
7	冷却循环泵	G=750 m³/h，H=26 m，N=75 kW	5	台	冷却泵
8	方形横流式冷却塔	G=800 m³/h，N=30 kW	5	台	
		（二）双工况冷水机组主要设备配置			
1	双工况离心式冷水机组	Q=1 900RT=6 650 kW，N=1 138 kW，$G_{冷冻}$=1 150 m³/h，空调工况 $G_{冷却}$=1 352 m³/h	4	台	蓄冷机
2	蓄冰装置	外融冰盘管：TSC-761MS	52	台	双层排布
		蓄冰潜热容量：761TH			
		混凝土蓄冰槽：5 100 m³	1	个	
3	不锈钢板式换热器	Q=6 650 kW，溶液/水	2	台	
4	方形横流式冷却塔	G=1 600 m³/h，N=60 kW	4	台	
5	单级双吸离心泵	G=800 m³/h，H=26 mH₂O，N=75 kW	8	台	冷却泵
6	单级双吸离心泵	G=1 502 m³/h，H=59 mH₂O，N=355 kW	5	台	四用一备变频

本项目供热、供冷配置流程如图 5-3、图 5-4 所示。冬季由中深层地源热泵机组输出约 50℃的热水，同时采用燃气锅炉进行调峰，用于补充用热高峰时期的峰值热负荷。夏季由中深层地源热泵机组搭配冷却塔、双工况冷机和融冰系统联合供冷，提供温度为 6℃的冷水，再与冰槽进行混合，最终向管网供应约 3℃的低温水，加大供回水温差，降低系统的输送能耗。

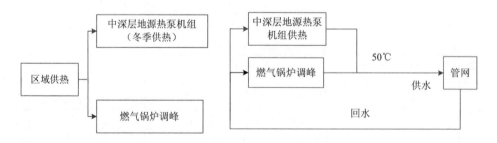

图 5-3 能源站热源配置

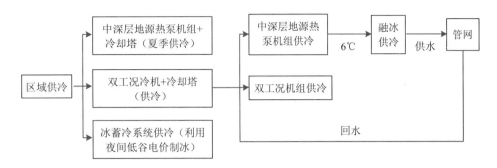

图 5-4　能源站冷源配置

5.3.2.3　运行分析

本项目采用中深层地热地埋管供热系统供冷、供热+电制冷蓄能系统供冷+燃气锅炉调峰供热多能互补的能源供应方案。冬季采暖以中深层地热热泵机组为主,燃气锅炉调峰的运行策略大大降低初投资和运行费用,减小污染物的排放;夏季供冷、冰蓄冷系统可实现区域能源大温差供冷,输送能耗降低,改善用户空调冷水用能品质,可利用峰谷电价降低运行费用。项目于 2017 年开始建设,2018 年投入使用,截至 2020 年已经运行两个采暖季和两个供冷季。

(1)夏季运行情况

本项目对 7 月份能源站展厅 1 个月室内外供冷温度进行收集分析,图 5-5 为其中 1 日室内外温度变化图。能源站展厅面积 816 m²,层高为 3.9~7.5 m,空调设计冷负荷 50 kW、设计供回水温度 14℃/19℃,设计流量 8.5 m³/h。经过 1 个月的实测数据分析,室温在 23~27℃波动,供冷效果较好,体感舒适,使用冷冻水回水可实现能源的梯级利用。

(2)冬季运行情况

冬季采暖运行供回水温度为 50℃/40℃,综合 COP 值可达 5~6。实测室温可稳定达 23℃以上,制热效果较好,热源持续稳定。

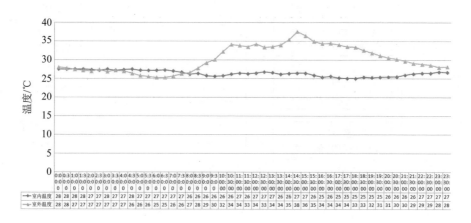

图 5-5　能源站供冷室内外温度 1 日变化图

5.3.2.4　效益分析

（1）环保效益

本项目建设多能互补能源站，建设中深层地热热泵机组 3 517 kW×5 台，换热孔 30 口，燃气锅炉 3 500 kW×4 台，双工况离心机组 19 900RT×4 台，光伏发电。多能互补系统具有节约能源、改善环境、提高供热质量、增加电力供应等特点，本项目的建设有助于将国家"节能减排"的方针落到实处。

本项目采用多能互补的高效用能方案，进一步降低了能量的损失，很大程度上提高了能源利用率，且远高于常规能源中心。本项目充分体现了系统节能、高效、减排的特点，各项指标优良，满足规定要求。经过测算，本项目全年消耗天然气标准体积 V_n 为 25 万 m^3/a，相当 281 t/a 标准煤，耗电量 1 210 kW·h，相当于 3 722 t 标准煤。经测算，相对传统的供能方式，即采用大电网电能（发电效率 40%）+锅炉供热（热效率 90%）+电制冷机供冷（综合 COP = 3.6），能源站年节约标准煤 5 421 t，一次能源节能率达到 60%，减排率达 58%。

（2）经济效益分析

能源站项目总投资为 25 270.38 万元，税前内部收益率为 7.74%，税后内部收益率为 5.94%，高于基准收益率；税后静态投资回收期为 12.73 年（含建设期）。

详细情况如下：本项目总投资为 25 270.38 万元，建设投资为 24 468.92 万元，建设期利息 728.20 万元，铺底流动资金 73.26 万元。项目运行成本包括燃料费、材料费、折旧费、人工费等，初步测算为 2 592.2 万元/a。

从运营期开始，收入按照第一年 40%，第二年 75%，第三年 80%，第四年 90%，第五年后达到 100% 进行测算。达到 100% 运营的年份，供热收入按照 7.60 元/m² 计算（含税价，综合住宅和商业），供热建筑面积 586 797 m²；供冷收入按照 10.00 元/m² 计算（含税价），供冷建筑面积 570 818 m²；分布式屋顶发电收入按照 1.4 元/（kW·h）计算（含税价），发电量 28.03 万 kW·h/a。市政碰口费按照 80 元/m² 计算，在运营期第一年计入；市政配套费按照 40.08 元/m² 计算，在运营期第一年计入。各项利息税金按照行业标准计算。具体如表 5-2 所示。

表 5-2　总部经济园能源站财务评价成果

序号	项目名称	指标	备注
1	项目总投资	25 270.38 万元	—
2	建设期利息	728.20 万元	—
3	铺底流动资金	73.26 万元	—
4	营业收入	3 660.23 万元	年平均
5	总成本费用	2 592.16 万元	年平均
6	营业税金及附加	38.79 万元	年平均
7	利润总额	1 029.28 万元	年平均
8	静态投资回收期（所得税后）	12.73 年	含建设期
9	项目投资财务内部收益率	7.74%	所得税前

以上结果表明，所得税后的财务内部收益率（全部投资）均大于行业基准收益率 4% 的标准。企业盈利能力超过行业规定的水平，财务净现值大于零，说明该项目在财务评价上是可以接受的。另外，投资利润率和资本金净利润率的计算结果可以预测出该项目的投资盈利能力已达到同行业的平均水平。本项目由于建设

内容为基础设施、公建类产品等，经济效益差，从财务评价的内部收益率来看，其收益率较低，投资回收期较长，但项目建成后，可以有效地缓解供热压力，是造福老百姓的"民生工程"。项目的环境效益和社会效益十分显著，在采暖收费和政府财政补贴的前提下，项目运行在财务评价方面是可行的。

5.3.3 应用案例（二）

5.3.3.1 项目简介——中国西部科技创新港科教板块综合能源工程

项目区拟建地址位于中国西部科技创新港科教板块。中国西部科技创新港科教板块位于陕西西咸新区沣西新城的西部，即励志东路西侧、临渭南路南侧、学镇环路北侧区域。中国西部科技创新港是教育部和陕西省人民政府共同建设的国家级项目，定位为国家使命担当、全球科教高地、服务陕西引擎、创新驱动平台、智慧学镇示范。占地面积约 5 100 亩，总建筑面积约 360 万 m^2。目前，中国西部科技创新港科教板块 159 万 m^2 主体工程已全面封顶，2020 年全面投入使用。这里将成为世界级科技中心，集聚 5 万人的科技创新创业人才，吸引 500 家国内外知名企业在创新港设立研发中心，也成为中国第一个"没有围墙的大学"。

为满足中国西部科技创新港科教板块教学、科研、办公场所的综合用能需求，以及提高综合能源利用效率，该区拟建设综合能源供应项目，建筑面积 8 065.25 m^2，项目建设地址位于西安交通大学科技创新港科创基地的绿楔内，根据供能建筑范围划分能源站的分布，本次共设计 6 个能源站，均布置于科教板块两侧绿楔中，能源站机房位于地下 2 层或地下 1 层，变配电室位于地下 1 层或地上 1 层，共设计换热孔 91 个，分别围绕各能源站就近布置。该项目建成后将承担中国西部科技创新港科教板块约 159 万 m^2 建筑的冬季供热、夏季供冷及全年生活热水的供应。

5.3.3.2 系统设计思路

根据创新港建筑规划及各种能源的经济技术特点，项目区为创新港提出了一种多能互补的供冷、供热能源配置方案。

冬季供热热源以中深层地热能为主，结合燃气锅炉进行调峰，并根据负荷发展情况，预留未建区域设备位置。设计供热供回水温度为 50℃/40℃，热泵机组的出水温度为 50℃，采用直供的方式，供热建筑不分区。总热负荷 75.69 MW，地源热泵占总热量的 76.7%，燃气锅炉共计提供热量 12.6 MW，占总热量的 29.3%。夏季供冷冷源由中深层地源热泵机组、离心冷水机组搭配冷却塔联合组成，空调供冷供回水温度为 5℃/13℃，总冷负荷 101.68 MW。常年生活热水设计温度为 60℃，生活热水热源在过渡季时由专用的中深层地源热泵机组提供，冬季供热时采用常压燃气热水锅炉供应 60℃生活热水，生活热水负荷为 10.02 MW。

本项目室外管网采用两管制，冬季供热和夏季供冷共用供回水管道，生活热水管道与供热管道分开敷设直供至各单体建筑，采用无补偿直埋的敷设方式。

其中，1#能源站的供能区域主要为 1 号楼、2 号楼、9 号楼、预留地块 2 供冷及供热，总供冷负荷为 28.2 MW，总供热负荷为 17.44 MW，站房为独栋建筑，地上 1 层，地下 1 层。

2#能源站的供能区域主要为 3 号楼、15 号楼供冷及供热，为宿舍 A 区供热及供生活热水，总供冷负荷为 12.48 MW，总供热负荷为 10.64 MW，总供生活热水负荷 3.04 MW，站房为独栋建筑，地上 1 层，地下 1 层。

3#能源站的供能区域主要为 5～8 号楼供冷及供热，总供冷负荷为 13.24 MW，总供热负荷为 6.96 MW，站房为全地下式布置，地下 1 层。

4#能源站的供能区域主要为 4 号楼和 16 号楼供冷及供热，为宿舍 B 区供热及供生活热水，总供冷负荷为 15.88 MW，总供热负荷为 12.95 MW，总供生活热水负荷 3.49 MW，站房为全地下式布置，地下 1 层。

5#能源站的供能区域主要为 17 号楼、20～22 号楼供冷及供热，为宿舍 C 区供热及生活热水，总供冷负荷为 15.38 MW，总供热负荷为 14.83 MW，总供生活热水负荷 3.49 MW，站房为全地下式布置，地下 1 层。

6#能源站的供能区域主要为 18 号楼、19 号楼、预留地块 3 供冷及供热，总供冷负荷为 16.5 MW，总供热负荷为 12.87 MW。综上所述，本项目夏季供冷冷负荷为 101.68 MW，冬季供热热负荷为 75.69 MW，生活热水热负荷 10.02 MW，站房为全地下布置，地下 1 层。具体负荷分布如表 5-3 所示。

表 5-3　创新港综合能源站各站房设计负荷

能源站	供能区域	建筑面积/万 m²	供冷负荷/MW	供热负荷/MW	热水负荷/MW	所需换热孔数量/个
1#	1 号楼、2 号楼、9 号楼、预留地块 2	34.9	28.2	17.44	0	21
2#	3 号楼、15 号楼供冷供热，宿舍 A 区供热及供生活热水	23	12.48	10.64	3.04	16
3#	5～8 号楼、预留地块 1	18	13.24	6.96	0	8
4#	4 号楼和 16 号楼供冷供热，宿舍 B 区供热及供生活热水	29	15.88	12.95	3.49	15
5#	17 号楼、20～22 号楼供冷供热，宿舍 C 区供热及生活热水	39	15.38	14.83	3.49	17
6#	18 号楼、19 号楼、预留地块 3 供冷、供热	15.1	16.5	12.87	0	14
	合计	159	101.68	75.69	10.02	91

5.3.3.3　运行分析

本项目采用中深层地热地埋管供热系统供冷、供热+燃气锅炉调峰供热的多能互补能源方案，满足创新港内 159 万 m² 建筑冬季供暖、夏季供冷和全年生活热水供应。冷源由中深层地源热泵机组、离心冷水机组搭配冷却塔进行联合供冷，优先运行离心冷心机组进行供冷；热源以中深层地热能为主，燃气锅炉调峰。设置 6 座能源站，站内设置热泵机组、冷水机组、冷却塔、循环泵、补水及软水、常压燃气锅炉等设备。

根据设计，1#站房的锅炉可为 1#、5#、6#站房的中深层地热地埋管供热系统提供辅助热源，2#站房的锅炉可为 2#、3#、4#站房的中深层地热地埋管供热系统提供辅助热源，冬季供热有保证。从运行维护方面来看，2#站的集控室可采集所有站房各类设备的运行、报警等信息，可进行远程控制。

项目于 2017 年开始建设，2019 年投入使用，截至 2020 年已运行一个采暖季和一个供冷季。冬季设计供回水温度 50℃/40℃，经测量出水温度达 50℃，满足设计要求，实测室温可稳定达 23℃及以上，制热效果较好，热源持续稳定。总冷负荷 101.68 MW，由热泵机组、离心冷水机组搭配冷却塔进行联合供冷，设计供回水温度 5℃/13℃。室温在 23～27℃波动，供冷效果较好，体感舒适。生活热水负荷为 10.02 MW，设计供水温度 60℃，热水供应稳定持续，温度适宜。

5.3.3.4 效益分析

（1）经济效益分析

本项目总概算为 71 789.11 万元，其中，土建工程 7 138.08 万元、安装工程 36 604.26 万元、设备安装及购置 17 474.50 万元、工程建设其他费用 4 677.55 万元、基本预备费 3 294.72 万元，结合可研阶段贷款及还款方式，建设期利息约 2 600 万元。

项目营业收入。本项目合计供热面积约为 158.49 万 m^2，供冷面积为 125.39 万 m^2，热水按年设计能力 35.25 万 t 计算，运营期年平均营业收入 8 791.61 万元。总补贴收入为 24 138.79 万元，分四年按比例 2：3：3：2 补贴。

项目成本。项目总成本包括运营期耗电、耗水、耗气费用及人员工资福利费、折旧费、维修费及其他管理费等。经计算年均总成本为 5 977.59 万元。

以项目生产经营期为 20 年计算，主要成本收益及经济指标如表 5-4 所示。

表 5-4　创新港综合能源站主要技术经济指标汇总

序号	指标名称	单位	数值	备注
1	项目总投资	万元	72 358.33	
2	营业收入	万元	8 791.61	经营期平均
3	年均总成本	万元	5 977.59	经营期平均
4	年均经营成本	万元	2 425.26	经营期平均
5	年均税金及附加	万元	62.03	经营期平均
6	年均利润总额	万元	3 958.93	经营期平均
7	年均所得税	万元	989.73	经营期平均
8	年均税后利润	万元	3 054.13	经营期平均
9	年均利税总额	万元	4 020.96	经营期平均
10	财务盈利能力分析	—	—	—
10.1	项目总投资收益率	%	7.20	—
10.2	资本金净利润率	%	14.44	—
	主要指标	—	—	—
	所得税后财务内部收益率	%	8.06	—
10.3	所得税后财务净现值（i_c=8%）	万元	309.60	—
	税前投资回收期	年	9.04	—
	税后投资回收期	年	11.51	—

　　通过计算可以看出，采用现行销售价格时，项目税后财务内部收益率为
8.06%，高于行业基准收益率 8%；税后财务净现值为 309.6 万元，大于 0；项目
税后投资回收期为 11.51 年，满足行业的基本标准，经济效益良好。

　　（2）环保效益

　　创新港科创基地主要采用中深层地热能，以取热不取水的中深层地热地埋管
供热系统应用技术进行供热，高效离心式冷水机组进行集中供冷，同时提供 24
小时不间断生活热水，实现零排放绿色能源供应。同时，能源站自控系统还接入
互联网，能源互联网的搭建使校园能源供应更加高效和智能。以此为例，与传统
的燃煤锅炉相比，一个采暖季使用中深层地热地埋管供热系统应用技术进行供暖，

可减少 CO_2 排放量 6.8 万 t，减少 SO_2、NO_x 等大气污染物排放量 600 t，可替代 2.54 万 t 标准煤。

中深层地热地埋管系统应用技术是当前西咸新区全面推广的清洁供热技术，2019 年沣西新城采用该技术的供暖面积为 400 万 m^2。该技术具有分布式、无干扰、效果好、能效高、零排放等优点，相比传统浅层地源热泵、水源热泵等节能 30%以上，在地热资源较好的地方，适宜作为建筑清洁热源全面推广。

（3）社会效益

创新港配套供能项目，符合国家产业政策，满足创新港内用户供热、供冷的需求。从社会效益角度来看，本项目集中智能化能源供应，避免了分散的小型供热锅炉及各个房间设置分散的分体空调等弊端，可以改善当地环境空气质量，节约电能，美化建筑外立面景观。本期工程建成后，可替代当地能耗高、污染大的小锅炉，节约了能源，又改善了城市集中供热条件以及地区的环境质量，改善当地居民的生活质量，带动地方经济的发展，有良好的节水作用和环保效益。中央电视台综合频道对此项目进行报道（图 5-6）。本项目的建设期和运行期都可以为当地人口提供就业机会，如直接从事工程建设的就业机会、为工程服务的第三产业就业机会、项目自身提供的就业机会、与项目配套的相关行业就业机会等，具有良好的社会效益。

图 5-6　中央电视台报道创新港能源站供热系统启动

5.3.4 应用案例（三）

5.3.4.1 项目简介——沣西新城沣润区域综合能源供应站项目

沣西新城沣润区域综合能源供应站项目，是为西咸新区中心医院所设计建设的供能项目。西咸新区中心医院迁建一期工程建设用地 201.5 亩，一期项目总建筑面积 20.96 万 m^2，其中门诊住院综合楼建筑面积 20.4 万 m^2，是西北地区单体面积最大的医疗建筑。项目设计综合运用海绵城市、日光采光系统、智能化系统、物流系统等技术，形成空间布局科学、分区明确、各功能紧凑合理、流线高效快捷的绿色、环保、智能化的大型医疗建筑群，是一所集医疗、教学、科研、预防保健、健康管理于一体，中西医结合优势明显、特色突出、带动作用强的国内一流综合性中西医结合医院。作为国家级新区西咸新区第一个三甲医院，医院的落成将加快西咸新区城市化建设的步伐，提高公共卫生服务能力，促进新区医疗卫生事业健康发展，对于改善西咸新区及咸阳人民群众就医环境和诊疗条件都有着非常重要的意义。

沣西新城沣润区域综合能源供应站项目，主要供能面积约 16 万 m^2。能源供应站位于西咸新区中心医院地下室，为西咸新区中心医院冬季供热、夏季供冷、全年供生活热水、医用蒸汽等能源供应提供保障，其中，供冷方案为：离心式冷水机组、热泵机组+冷却塔供冷系统；供热方案为：热泵机组供热+燃气锅炉调峰；生活热水系统供应方案为：太阳能热水系统+燃气。

5.3.4.2 系统设计思路

本项目根据西咸新区中心医院建筑规划及各种能源的经济技术特点，使用多能互补的供冷、供热能源配置方案。总供冷负荷为 14.16 MW，单位面积冷负荷 83W/m^2。总供热负荷 9.98 MW，面积热负荷 56.4W/m^2。冬季提供 50℃/40℃热水，夏季提供 7℃/12℃冷冻水。生活热水要求全年连续供水，温度 60℃，用量 254 t/d，最大小时耗热量 2 032 kW，采用半容积式换热器间接供热。蒸汽要求 600 kg/h，冬季净化空调加湿 745 kg/h，合计 1 345 kg/h，供气压力表压 0.6～0.8 MPa。本工程建设 1 个综合能源站，其热泵机房位于一期门诊住院综合楼地下 2 层，共设计换热孔 12 个，布置于项目地块南侧红线以内。在综合楼西侧设置锅炉房一个，内含 8 台锅炉。供能范围涵盖门诊住院综合楼及协同创新楼两栋单体，负荷分布如表 5-5 所示。考虑到医院的特殊性能，为了系统更节能、更稳定，协同楼、门诊住院综合楼的空调冷热源由地源热泵系统+燃气锅炉+离心式冷水机组提供。热泵机房及锅炉房冬季制热时电功率叠加值约 1 570 kW，夏季制冷时电功率叠加值约 3 440 kW。原制冷机房电功率叠加值约 2 400 kW。供能系统的主要设备如表 5-6 所示。

表 5-5　各楼栋负荷分布

名称	面积/万 m^2	冷负荷/MW	热负荷/MW
门诊住院综合楼	20.4	12.1	8.25
协同创新楼	2.6	2.06	1.74
总计	23	14.16	9.98

表 5-6　供能系统主要设备

序号	设备名称	参数	数量/台	备注
1	热泵机组（双制）	制热量 2 819 kW，最大输入功率 483 kW 制冷量 2 220 kW，最大输入功率 457 kW	3	配置地热井水泵
2	超高效双级压缩离心机组	制冷量 3 868 kW，制冷功率 566.2 kW	2	—
3	承压燃气热水锅炉	热功率 0.7 MW	6	—
4	燃气模块蒸汽锅炉	蒸发量 750 kg/h	2	—
5	夏季循环水泵	流量 650 t/h，扬程 33 m，功率 90 kW	5	四用一备
6	冬季循环水泵	流量 400 t/h，扬程 31 m，功率 45 kW	3	两用一备
7	水箱	9 m^3	2	—
8	冷却塔	循环水量 750 t/h，功率 37 kW	4	重量 19.6 t

5.3.4.3 用能方式

综上所述，夏季与过渡季节，本区域能源系统的运行策略为：利用低谷电价和部分平段电价时段，满负荷运行冰蓄冷系统进行蓄冰，部分负荷运行干热岩热泵系统对外供冷；在白天用电高峰时段和部分用电平段时段，利用冰蓄冷系统进行供冷，然后运行干热岩热泵系统；在夏季冷负荷高峰季节的高峰时刻，供冷量不足部分，通过离心机冷机进行供冷，从而满足整个区域供冷需求。

（1）搬运利用

尽量利用自然低品位冷热源，合理规划能量流向。冬季优先提取中深层地热能岩层中的热量，将这些热量"搬运"至室内，替代部分化石燃料燃烧产生的热量，提高整体供热系统的能效比，减少高品位能源的消耗。

（2）储能利用

根据负荷曲线的变化，中深层地热能系统冬季从热岩中取热，大地作为一个大的蓄热体，改善了热泵机组冬夏运行工况，提高了系统的综合能效比。

（3）互补利用

由于西咸新区中心医院的冷、热、电负荷是动态变化的，因此选择多能源耦合互补的能源系统，根据各能源种类的使用特点，合理规划其利用规模及运行策略，形成多能源互补的局面，充分挖掘能利用潜力提高综合效比，并在一定程度上增加了系统的安全可靠性。

（4）直接利用

规划一定比例的燃气锅炉、制冷机组等高品位能源直接利用方式，主要起调峰应急作用，也可为其他能源灵活调整运行策略提供一定的空间。

5.3.4.4 效益分析

（1）经济效益

沣西新城沣润区域综合能源供应站项目总投资 1 亿元，其中工程建设费

7 534.74 万元，工程建设其他费用 943.43 万元，基本预备费 423.91 万元，不可预见费 1 098.38 万元。项目年运营成本约为 865.09 万元，正常年利润总额为 2 586.7 万元。所得税按利润总额的 25% 计取，经测算，正常年所得税为 646.68 万元。年净现金流量 1 074.93 万元，投资回收期为 9.3，基本符合行业回收期。

（2）节能环保效益

本项目建设多能互补能源站。多能互补系统具有节约能源、改善环境、提高供热质量的特点，本项目的建设有助于将国家"节能减排"的方针在西咸新区落到实处。进一步降低了能量的损失，很大程度上提高了能源利用率，且远高于常规能源中心。充分体现了系统节能、高效、减排的特点，各项指标优良，满足规定要求。经测算本项目消耗能源折合标准煤 222.91 t，如表 5-7 所示，常规供能方式消耗能源折合标准煤 2 225.15 t，本项目节约标准煤 2 002.24 t，节能率达高达 90%。

表 5-7　沣润能源站消耗能源折合标准煤量

名称	耗量	折标系数	折合标准煤量/t
能源站燃气+燃气锅炉燃气	16.69 万 Nm³ [①]	1.33 kgce/Nm³	221.98
耗电量	7 560 kW·h	0.1 229 kgce/（kW·h）	0.93

另外，本项目采用中深层地源热泵机组供冷、采暖，大大降低了燃气等化石燃料的用量。本项目全年消耗天然气量为 16.69 万 Nm³/a，相当标准煤耗 305.72 t/a，耗电量 7 560 kW·h，相当于标准煤量 0.93 t。经测算，相对传统的供能方式，即采用大电网电能（发电效率 40%）+锅炉供热（热效率 90%）+电制冷机供冷（综合 COP=3.6），能源站年节约标准煤 2 002.24 t，一次能源节能率达到 90%。

（3）社会效益

本项目着力提升西咸新区中心医院能源综合利用效率，综合应用中深层地热

---

① Nm³ 表示标准体积 V_n 为　m³。

能提取技术降低供热成本，再辅以锅炉调峰技术，实现真正意义上的多能互补和清洁环保；充分利用能源互联网技术，实现冷、热、气的安全可靠和高品质供应；全面运用节能设备、先进技术和管理措施，实现能源利用效率最大化。可以有效地降低运营成本，节约运行费用，提高经济效益。项目的社会效益和环境效益明显，因此本项目建设是能源系统优化升级应用，优化资源配置的需要。

本项目对实现能源的可持续发展和改善生态、保护环境具有重要的现实意义。治理污染、保护环境、缓解生态压力，是能源发展的重要前提。在新的形势下，能源开发还应考虑有效应对全球气候变化的挑战。解决好能源利用带来的环境问题，不断提高清洁能源比重、实现环境友好的能源开发，尽可能减少能源生产和消费过程的污染排放和生态破坏，兼顾能源开发利用与生态环境保护。

本项目采用多种能源综合供应，使用的中深层地热能、天然气、电力均为国家鼓励发展的清洁能源，可有效减少常规能源尤其是煤炭资源的消耗，保护生态环境。

5.3.5 案例总结

以上综合能源供应项目基本采用"中深层地热能 + 锅炉调峰+冷机制冷技术"技术，为地块内建筑冬季供暖、夏季供冷和全年提供生活热水服务。中深层地源热泵系统的 COP 值可达 5.9，相比传统的供能项目效率更高。因此，供能项目是一个高效、环保、节能型项目，节能效果显著。综合以上技术经济分析结果，该综合能源项目具有运行费用低、供冷供热成本低、绿色环保等优势，节能效果显著。虽然初投资较高，但后期运行成本较低，可在第 12 年左右收回成本，后续持续盈利。

项目的成功运行，实现了清洁、高效、经济的冷热暖一体化供应，起到了很好的节能示范效应。同时，分布式能源站的开发，可改善和优化当地产业结构，对促进地区经济发展具有重要的意义。综合能源站的开发建设可有效减少常规能源的使用，尤其是煤炭资源的消耗，改善地区的大气环境质量，保护生态环境，具有很好的环保效益。总之，本项目分布式能源站建成后，环境效益和社会效益均十分显著。

5.4　本章小结

本章首先对综合能源系统的概念及其发展过程及目前的研究现状进行了综述，并对多能互补和能源互联网的基本内涵和驱动关系进行概述，在此基础上分析了地热能在综合能源系统中的应用现状以及发展趋势。地热能在清洁供暖中成主导清洁热源，在综合能源供应系统中也具有很大的潜力。当有其他替代能源且技术与经济合理时，应适度降低空调冷、热源对电力的依赖。最后，对综合能源供应案例（总部经济园综合能源供应站项目、中国西部科技创新港综合能源供应项目、沣润区域综合能源供应项目）进行了介绍和分析。此类综合能源项目具有运行费用低，供冷、供暖成本低、绿色环保等优势，节能效果显著。虽然初始投资较高，但后期运行成本较低，具有更高的运行效率，所以该综合能源供应模式具有重要的推广意义。

第6章
地热能发展的趋势及展望

6.1　地热能发展现状及趋势

6.1.1　地热能在全球的发展现状

地热资源是可再生的清洁能源，具备资源储量大、分布广、清洁环保、稳定性好、利用系数高等特点，是全球最具有竞争力的新能源，世界各国政府及研究机构也对地热能展示出高度的认同与重视。目前，地热资源已成为全球新能源利用的热点，全球有效开发利用地热资源的国家已达 80 多个。

地热能的开发利用可分为发电和非发电两个方面。高温地热资源主要用于发电；中温和低温的地热资源以直接利用为主，多用于采暖、干燥、工业、农林牧副渔业、医疗、旅游及人们的日常生活等方面；对于 25℃ 以下的浅层地温，可利用地源热泵进行供热、供冷。

随着近年来地源热泵的兴起，各国加快了地热的直接利用。在欧洲市场，截至 2018 年年底，欧洲正在运行的地热供热、供冷厂超 300 个，而 2010 年仅为 187 个，每年新增达 14 个之多。2018 年，欧洲新增 9 座供热/供冷厂，新西兰（5 座）、法国（1 座）、德国（1 座）、比利时（1 座）、塞尔维亚（1 座）；翻新 3 座，全部在法国。从新增装机容量来看，新西兰和法国表现良好，2018 年分别为 66 MW 和 45 MW，此外德国、比利时、塞尔维亚分别为 24.5 MW、8 MW 和 5.7 MW，

5 个国家 12 座新建或翻新地热供热/供冷厂合计新增 149 MW。此外，设备方面，截至 2018 年年底，欧洲累计安装地源热泵设备近 200 万套。另外，美国不仅是全球地热发电装机规模最大的国家，而且在地热直接利用方面也发展较好。浅层地热能方面，目前美国累计安装地源热泵机组约 170 万台，仅次于中国和欧洲；水热型地热能利用方面，截至 2017 年年底，美国地热年利用量达 $3.86×10^{17}$J。

　　地热发电方面，据统计，全球大约有 24 个国家使用地热发电。最早将地热能用于发电的是意大利的皮耶罗王子，而现代地热发电是利用液压或爆破碎裂法把水注入岩层，产生高温蒸汽，然后将其抽出地面推动涡轮机转动使发电机发出电能。由于现阶段地热能直接利用较地热发电利用率高及项目开发时间短的特点，各国更倾向于直接利用地热资源用于供暖和温室保温等领域，2000—2013 年全球地热能直接利用累计装机容量从 15 GW 增长到了 50 GW 以上。地热资源发电对温度的要求加高，适合发电的电力资源较少，同时由于地热资源发电技术（如渗透率技术和钻井技术等）尚未成熟，发电成本较高。全球地热发电装机容量增长较为缓慢，1975—1980 年全球地热发电装机容量增长较快，主要是由于石油危机后欧美国家大力发展地热资源发电计划。但由于后期油价的下跌，地热资源的发电成本不具有竞争性，地热资源开始进入起伏发展阶段。2015 年，备受瞩目的巴黎气候大会上，全球地热联盟成立。该联盟的目标是到 2030 年全球地热发电量增加 6 倍，地热供暖增加 3 倍。目前，地热能发电已成为地热能利用的重要方式。据 IEA 数据显示，2018 年全球地热发电累计装机容量达 13.28 GW，预计 2050 年全球地热发电的装机容量将达到 150 GW，2100 年将突破 250 GW，到时地热发电装机可占到全球能源供应的 3.5%左右。

　　根据 IEA 数据显示，2018 年全球地热发电累计装机容量 TOP5 中，美国以 3 491 GW 位居全球首位，第二至第五名分别是印度尼西亚 1 946 GW、菲律宾 1 944 GW、土耳其 1 283 GW、新西兰 966 GW。放眼全球，从肯尼亚到冰岛，从日本到美国，地热发电遍布世界各地，代表了不同的经济发展情况。尽管冰岛仅拥有 30 多万的人口，但其以 755 MW 的地热发电装机容量位列全球十大地热国家行列。从地热能发电量的绝对数字来看，美国处于全球领先地位，其中加利福尼亚州为美国地热发电提供了75%的发电量。

从整个欧洲来看，地热发电、直接利用和地源热泵三种地热利用方式都得到较好的应用和发展，且已具备相关的成熟技术，目前的研究和攻关焦点在于进一步降低成本，使地热利用更具市场竞争力。首先，高温地热发电占主导，中低温地热发电势头正旺。欧洲地热发电市场主要在意大利、德国、冰岛和土耳其。常见的地热发电厂分为三类：干蒸汽、闪蒸汽和二元蒸汽。干蒸汽发电厂是最古老和简单的地热发电厂，其产出的蒸汽直接驱动涡轮机，凝结水通过注入井重新注入水库；闪蒸汽发电厂是最常见的，在182℃以上的温度下运行；二元循环发电厂在107～182℃的较低温度下运行，热储水器通过热交换器蒸发二次流体，驱动发电机在闭合电路发电。发电技术方面，主要有干蒸汽发电、闪蒸发电和有机朗肯循环发电等，其中干蒸汽发电和闪蒸发电技术主导欧洲市场，占比分别为40%和42%。例如，意大利（高温干蒸汽地热资源丰富）以干蒸汽发电技术占据主导；冰岛地热资源为高温湿蒸汽资源，几乎都采用闪蒸发电技术。但近10年来，利用中低温地热能的有机朗肯循环发电技术发展迅速。2014年，欧洲地热发电装机容量较2013年新增170 MW，全部来自土耳其利用有机朗肯循环发电技术的中低温地热发电。其次，地热直接利用技术已成熟，新技术出现较少。关于地热直接利用技术的发展，近几年除了在建筑供暖的集成利用方面有一些新的进展，地热能直接利用领域并没有其他新专利。目前，供热系统是推动地热直接利用最有力的系统，由于地热流体不适合直接被分配到区域供热网络中，因此地热直接利用的发展取决于其他行业热交换器先进技术的发展。而在地热资源开发方面，一个新的概念被提出来，主要是通过钻探一个新的生产井，同时把前两个钻井转换成回灌井（三重系统），以此来延长设计项目的寿命。这个概念已经在法国付诸应用，它可以使地热能源延长30年的使用寿命，欧洲越来越多的供热系统开始采用此三重系统。

在非常规地热方面，冰岛依然走在研究前沿。根据欧盟地平线2020计划资助

的 EGS 业务部署，将非常规地热资源定义为超热、最高温度为 550℃、深度超过
3 km 的超深地热资源。2017 年，位于冰岛的雷克雅内斯半岛项目在 4.66 km 的深
度完成钻探，记录的温度为 427℃。该项目从 2016 年 8 月启动钻探，创造了有史
以来最深的火山钻孔。地质学家和工程师们的目标是寻找"超临界流体"，一种
位于地下深层的、既不是液体也不是气体的物质状态，以探寻是否可以用于高效
的能源生产。目前，地质学家和工程师们已经成功地钻入了冰岛一座火山的中心，
旨在评估利用深层非传统地热资源的经济可行性。现在，还需要对项目进行更多
的研究、测试和流量模拟，才能知道钻井的生产技术和经济性的最终结果。超临
界地热钻井不仅可以开辟新的地热能利用区，提高生产性能，而且可以降低钻井
数量，并显著改善经济效益。

6.1.2　地热能在我国的发展现状

我国地热资源分布具有明显的规律性和地带性，主要分布于东部地区、东南
沿海、台湾地区、环鄂尔多斯断陷盆地、藏南、川西和滇西等地区。目前，已勘
探的地热田有 103 处，可采地热资源量为 33 283.473×10^4 m^3/a，初步评价的热田
有 214 个，热水可采资源量约 5×10^8 m^3/a。大地热流值的分布具有明显的规律性。
西南地区沿雅鲁藏布江缝合带，热流值较高（91 364 MW/m^2），向北随构造阶梯
下降，到准噶尔盆地只有 33～44 MW/m^2。东部台湾板块地缘带，热流值较高，
为 80～120 MW/m^2，越过台湾海峡到东南沿海燕山期造山带，下降为 60～
100 MW/m^2，到江汉盆地热流值只有 57～69 MW/m^2。沉积盆地传导型地热资源
主要分布于我国的东部地区、琼雷盆地、松辽盆地和环鄂尔多斯断陷盆地等地区，
均为中低温地热资源。隆起山地对流型地热资源主要分布于我国的东南沿海、台
湾地区、藏南、川西、滇西和胶辽半岛等地区，其中高温地热资源主要分布于我
国的藏南、滇西、川西和台湾地区，其余地区主要分布着中低温地热资源。我国
地热资源较丰富，但目前我国地热资源的开发利用量不到资源保有量的 1‰，总
体资源保证程度相当可观。

我国对地热能的利用历史悠久，数千年前就开始了对地热的利用。但真正大规模勘查和开发利用始于 20 世纪 70 年代初期。以北京、天津地区开展隐伏地热田资源的普查勘探为先导，相继在天津市近郊、北京市城东南地区地下 1 000 m 深度范围内打出了温度为 40～90℃的地热水，随即在城市地区开始了地热供暖、医疗洗浴、水产养殖、工业洗涤等方面的应用，带动了全国地热资源的勘查工作。

20 世纪 90 年代以来，地热资源开发利用进入快速发展阶段，引进了一些先进地热科技理论和勘探技术，开展了对地区经济发展有影响的地热田勘查评价和区域地热资源评价，对我国地热资源的分布、形成与开发利用条件等有了一些规律性认识，地热开发最大深度超过 4 000 m。目前，全国已有 29 个省（区、市）开展过区域性地热资源评价，为地热资源地开发利用打下了良好基础。到现在，地热能的开发与利用经过 40 多年的发展，已经形成以中低温地热资源供暖、洗浴等直接利用方式和以高温地热资源发电为主的地热资源开发利用格局。在我国目前的中低温地热直接利用中，医疗洗浴与娱乐健身占比 65.2%，主要集中在我国南部及西南地区，如广东、贵州、云南、重庆等地；供热采暖占比 18%，种植与养殖占比 9.1%，这两项则主要分布在冬季较为严寒的北方地区，如北京、天津、辽宁、陕西、山东等地；其他占比 7.7%。高温地热发电则以西藏为例，西藏已建立起三个高温地热发电站，总装机容量 28.18 MW，对缓和能源紧缺状况有举足轻重的作用。我国的高温地热发电还有很大的开发利用潜力，全国已发现地热点 3 200 多处，开发地热井 2 000 多眼，其中具有高温地热发电潜力 255 处，预计可获发电装机容量 5 800 MW，现已利用的仅 30 MW。另外，由于浅层地热能几乎不受资源限制，并且技术日趋成熟，近几年利用地源热泵开发浅层地温能进行供暖和供冷在我国各地区发展迅速。

6.1.3　地热能的发展趋势

未来能源的发展趋势一定是朝着清洁能源的方向发展，其所带来的生态效益、经济效益将是不可估量的。据 2012 年全球清洁能源投资报告显示，2012 年全球投资总额为 2 687 亿美元，相当于 2004 年的 5 倍。其中，中国在清洁能源方面的投资达到创纪录的 677 亿美元，较 2011 年增加 20%，投资总额位居世界第一，成为全球清洁能源"领头羊"。总体来说，我国可利用的绿色能源较为丰富，但是由于地理条件和环境恶劣、勘探工作水平较低、成本较高、开发难度较大等因素，与其他能源相比，竞争力较弱。我国地热资源相对丰富，由于其可以采用分布式能源技术实现清洁高效利用，既已成为可再生能源中的佼佼者。地热能是指能够被人类所利用的地球内部的热能，其总量丰富、能量密度大、分布广泛，具有绿色低碳、适用性强、稳定性好等特点，与风能、水能等其他新能源相比，受外界因素影响小，是一种发展潜力巨大的可再生能源。在能源革命、大气污染治理、清洁供暖的大背景下，地热能作为一种极具竞争力的清洁可再生能源，将发挥日益重要的作用。

6.1.3.1　地热产业规模将不断扩大

21 世纪以来，随着新能源技术的不断进步，环境问题的逐步增多，"零排放、零污染"的可持续资源利用越来越受到全球各国的重视。关于地热能的研究越来越多。能源的短缺和生态环境恶化使我国必须尽快寻找到新的发展道路，在节能的基础上，大力开发新能源。2006 年 1 月 1 日起施行的《中华人民共和国可再生能源法》将风能、太阳能、水能、生物质能、地热能、海洋能等非化石能源列为国家能源发展的优先领域。2008 年出台的《可再生能源中长期发展规划》确定了可再生能源的发展目标，到 2020 年，全国可再生能源消费量占总能源消费量的 15%，相当于 $6×10^8$ t 标准煤。预计到 2050 年，这一比例将增加一倍，将上升到 30% 甚至更高。在国内大力发展可再生能源的大背景下，地热产业也得到了大力发展。而地热能作为新能源中的佼佼者，在能源结构中所占的比例也越来越大，从深层到浅层，从高温到中低温，地热能开发利用具有供能持续稳定、高效循环利用及可再生的特点，可以减少温室气体排放，改善生态环境。

另外，地热行业发展有国家政策助推，发展目标较为明确。近年来，我国加强能源体系建设，优化能源消费结构，提高清洁能源的比重，地热能作为清洁可再生能源受到了国家的重视，国家出台的一系列政策为行业发展指明了方向。2008年12月13日，国土资源部下发了《关于大力推进浅层地热能开发利用的通知》，从调查评价、编制规划、加强监测三个方面，对大力推进我国浅层地热能资源的开发利用进行了部署。《地热能开发利用"十三五"规划》中明确提出，"十三五"时期各地区根据地热资源特点和当地用能需要，因地制宜开展浅层地热能、水热型地热能的开发利用，开展干热岩开发利用试验，在此期间，新增地热能供热/供冷面积 11 亿 m^2，其中新增浅层地热能供热/供冷面积 7 亿 m^2；新增水热型地热供暖面积 4 亿 m^2。新增地热发电装机容量 500 MW。到 2020 年，地热供热/供冷面积累计达到 16 亿 m^2，地热发电装机容量约 530 MW。在一系列国家能源政策的助推下，地热能开发利用的发展前景更为广阔。

6.1.3.2 梯级利用地热能将成为主要发展趋势

地热能的利用过程中，直接利用方式具有 50%～70% 的热利用效率，而地热能发电仅为 5%～20%，剩余的热能则伴随地热水回灌到地下或者直接排放到自然环境中，不但造成地热资源的浪费，同时热污染也会影响植被、生物和土壤，造成环境污染。若采用温度地热梯级利用，则可以在最大程度上利用各个温度级别的地热水。理想的梯级利用情况是，高温的地热水先用来发电，之后用于建筑物供暖、农业养殖、工业利用，最后略高温度的地热水可以用来开展温泉洗浴。经过这样的梯级利用之后，最后的尾水温度较低，一般在 20℃ 左右，排放到自然环境中危害比较小。如此，不仅最大限度地合理利用了地热资源，对环境污染也较小，地热梯级利用技术的发展和政策鼓励对推动地热产业发展具有重要意义，因此具有广阔的前景。

未来，地热能利用领域将更加宽广，形式更加多样，地热开发的能源性、技术性将更加明显。纵向延伸，产业链从供暖向现代高效农业等产业发展；横向延伸，由单一"地热能"向多种清洁能源集成发展，形成"地热+"多种清洁能源功能模式。

6.1.3.3　干热岩地热能源成为未来主攻方向

干热岩地热也称增强型地热系统（EGS），是指地层深处（埋深超过 2 000 m）普遍存在的没有水或蒸汽的、致密不渗透的热岩体，主要是各种变质岩或结晶岩体。干热岩本身具有很高的温度，呈干热状态，一般干热岩上覆盖有沉积岩或土等隔热层，温度在 150～650℃，可以作为热能资源加以利用。目前，美国、德国、法国、澳大利亚、日本、瑞士等国已经建设了一批试验性增强型地热系统。干热岩的开发利用始于美国，1990 年美国就开始干热岩地热能源工业尺度方面的开发利用研究。日本紧随美国之后，系统的研究干热岩发电技术，并在 1995 年进行了一个月的水循环测试。2010 年，地热大会各国对开发增强型地热系统的呼声日益高涨。

我国干热岩资源储量丰富，能够被开采的干热岩资源约占其总储量的 2%，约为水热型地热资源总量的 170 倍，中国大陆埋深 5 500 m 以上的干热岩型地热能资源量折合约为 106 万 t 标准煤，干热岩资源的开发具有非常大的空间。单从技术方面来讲，只要开采深度达到一定值，均可以开采到干热岩，且不会受地域的制约。随着加强地热能开发利用关键技术的研发，开展干热岩资源发电试验项目的可行性论证，选择场址并进行必要的前期勘探工作，未来 15～30 年干热岩地热等将成为重点研究领域和主攻方向。

6.2　我国地热能发展中的问题及政策建议

6.2.1　地热能发展中的问题

地热资源是一种可再生的清洁能源，在我国十分丰富，且分布广泛。浅层地热能随处可取，地热能作为新能源大家族中的成员是最容易利用的。从能源角度来看，促进新能源的发展不仅符合世界能源利用的潮流，也是我国现阶段能源产业结构优化调整的需求。只要我们适时抓住机遇，调整政策，加大推进力度，我国地热能发展前景将极为广阔。党的十九大报告中对打赢蓝天保卫战做出重大决策部署，北方集中供暖、节能减排、防治大气污染、有序推进清洁取暖等利好因素将对地热能的开发利用起到极大的推动作用。另外，地热行业发展有政策助推，发展目标较为明确。近年来，我国不断加强能源体系建设，优化能源消费结构，提高清洁能源的比重，地热能作为清洁可再生能源越来越受到国家的重视。地热能作为一种清洁能源，其资源储量丰富，在未来地热产业规模中将不断的扩大。

在地热能的利用过程中，热勘查、钻探技术，尤其是沉积盆地传导型热田的勘查趋于成熟。地热发电与热能利用，包括高效传热、节能、防腐等方面也积累了一定的技术。然而，直接利用方式利用效率较低，不但会造成地热资源的浪费，也会造成一定的热污染，所以采用地热梯级利用，不仅最大限度地合理利用了地热资源，对环境污染也较小。未来，地热能利用领域将更加宽广，形式更加多样，地热开发的能源性、技术性将更加明显。只要坚持以梯级开发、综合利用的开发原则，就具备与其他能源相竞争的优势。另外，中深层地热能可以提供温度更高的低温热源，干热岩资源储量丰富，且不受气候条件限制，可以保证系统长期、稳定地高效运行。因此，未来干热岩技术必将得到越来越多的重视，中深层地热的应用将成为地热能应用的发展趋势之一。

虽然我国的地热能开发与利用以及相应的地热产业已形成一定的规模，但由于认识、技术或是法规上的局限，地热行业仍存在着一定的不足与缺陷，而这些都是需要我们能充分意识到并逐步解决的。

（1）对地热产业和地热资源特点的认识不够到位

人们对地热资源的综合利用价值和产业化开发利用的意义认识不足，将地热混同于一般的矿产资源或水资源。因此，一些地热资源丰富的地区难以把地热资源优势与地缘经济发展、生态环境建设、社会进步等相结合，未能建立有自己特点的地热产业，使宝贵的地热资源开发停留在低层次、低效益的水平上。同时，盲目无序随意开采造成资源浪费和环境地质问题的现象也时有发生。

（2）地热资源勘查开发缺乏统一规划

一些地区缺少对地热资源开发利用合理的、系统的规划，部分地区已有的规划又难以得到有效落实，造成勘查的无序和开发利用的盲目与滞后，资金难以形成配套投入，地热资源综合利用程度和综合经济效益较低。

（3）地热资源勘查评价工作滞后，阻碍了地热产业的可持续发展

由于受各种因素的制约，目前我国在地热勘查方面还基本处于"就热找热"阶段，真正经过系统勘查评价的地热田较少，开发阶段的评价更少，地热资源动态监测和研究仅在极少数城市进行。

（4）浅层地热资源评价等技术滞后

近 10 年来，在政府支持和倡导下，我国一些大城市陆续开展浅层地热能资源的开发利用，相关技术发展速度较快。但在利用浅层地热能的地源热泵工程中也出现了一些问题，如热泵工程或地下换热系统不能正常运转、效率降低等。对浅层地热资源的开发利用缺乏统一的管理，信息化程度较低。

（5）开发利用数量少且单一，综合开发利用水平低

除少数城市外，我国的地热开发仅停留在洗浴、游泳、养殖等少数项目上，处于自发、分散和粗放的利用阶段，地热企业经营粗放，地热资源利用率低，综合效益不够显著，浪费资源的现象比较严重。

（6）地热资源开发管理法律法规不够健全

虽然我国地热供暖促进政策体系正在逐步建立，但依然存在很多需要进一步完善的地方。首先，缺乏强有力的法律保障体系。法律作为最有强制性和普遍约束力的行为准则，可对地热资源开发利用过程中的政府管理、行业准入、投资行为等进行明确的规范和管制。目前，我国的地热资源管理均在《可再生能源法》的框架之下，亟须出台专口针对地热的法律法规，为我国地热供暖的发展提供法律保障。其次，虽然我国出台了一系列地热供暖相关政策，但现行政策普遍停留在宏观层面，缺乏详细的条款，可操作性较弱，在财政、税收等方面的激励机制

也并未进行明确规定。相比于太阳能、风能等可再生能源，我国对地热能的政策支持力度远远不够，政策法规上的缺失将会直接制约地热供暖在我国的进一步发展。地热资源是单一属性的矿产资源，属矿产资源法调节范畴，但目前部门管理职能重复，影响了地热资源勘查与开发利用的有序发展。

（7）我国地热能的发展还面临着资金不足的问题

地热供暖属于资本密集型产业，前期需要投入大量的资金进行地热资源的勘探评价、地热供暖系统的建设及相关技术的研发和创新。作为高生长行业，地热供暖开发初期的 10～15 年时间企业将处于亏损状态，随着开发规模的扩大，现金静流量开始为正，且长期处于增长态势，不易衰退。但正是由于开发初期时间长、投资大，导致目前我国地热供暖行业资金供给力度不足，资金缺乏现象严重。现在地热资源的开发与利用大多集中在地热供暖、洗浴、养殖等，地热发电、地热供冷等技术几十年来一直停滞不前。资金投入不足使得其不能形成规模效应，成本难降低，进一步制约了地热供暖的持续发展。由于投资量大、回收期长，因此需要国家和地方政府提供直接的财政补贴。但如果仅仅依靠政府的财政拨款，很难满足其对资金的需要，政府需充分发挥市场机制的作用，拓宽融资渠道，大力鼓励民间资本的进入。根据国家能源局的统计，目前我国已有超过 8 000 亿元的民间资本投资于新能源和可再生能源领域，但投资多集中于生物质能、太阳能、风电、晶体硅等行业，对地热行业关注较少。

综上所述，地热资源的开发利用存在地热勘查程度较低，探明的地热储量规模小、品质差的特点；地热直接利用（供暖、温泉洗浴等）长期居世界首位，但地热发电水平低且规模差距较大；与太阳能、风能等其他清洁能源相比，对地热的政策支持力度还有很大差距，缺少相关的法律法规和行业发展规划；核心技术体系有待进一步完善，地热尾水回灌、中低温地热发电、干热岩开发利用等技术有待突破等。要解决目前所面临的问题，首先应加快地热资源的勘探速度，让投资者认识到地热资源发展的巨大潜力，这样才能得到更多的人力、物力投入和政策支持。其次，突破地热供暖、地热供冷、地热发电等领域的技术瓶颈，改变技术落后的现状，提高地热资源的利用效率，让地热资源在国民经济发展中发挥更大的作用。最后，把地热资源的开发与利用向更深层次推进，积极发展深层地热资源，建立 EGS 地热试验基地，并积极向产业化发展迈进。

根据目前已探明的地热资源储备及区域分布特点来看，我国地热资源的开发利用必须因地制宜，合理发展。在我国的西部、西南地区主要发展地热发电，在华北、东北一带发展地热供暖，在东部及东南沿海地区发展地热供冷，根据资源和区域特点发展地热梯级综合利用，同时大力推广地源热泵，提高地热资源利用效率。地热能的发展也要充分考虑与其他产业的结合，让各产业相互促进，共同发展。如地热供冷、地热供暖、地源热泵等技术与房地产行业的发展息息相关，不仅能够为新建房地产提供最优质的能源，而且能够满足现代社会节能减排的需求，为房地产的销售和推广起到积极的作用。另外，与地热能利用相关的设备并非地热能行业所特有，如热泵、采暖设备、制冷机组等，在市场上具有相当广泛的应用范围，这些设备的进步能够促进地热能利用的发展。反之，地热能利用水平的提高又能促进设备的研发，提高我国装备制造业的水平。我国大部分的地热资源都属于低品位能源，其技术和设备也将能应用于其他低品位能源，如工业余热回收利用等，提高地热能利用的水平也能提高我国余热回收的质量，促进我国能源利用效率的大幅提升。

6.2.2 地热能发展的对策及建议

针对地热能发展中的问题，借鉴欧洲及美国地热能发展的经验，提出以下对策及建议。

（1）创新地热商业模式

地热资源相对于其他的新能源来说，具有不可比拟的优势，具有更高的经济价值。我国地热资源基础雄厚，市场空间广阔，发展趋势良好，是极具发展潜力的朝阳产业。环境效益方面，地热能产业规模发展将对我国优化能源结构、防治环境污染具有十分重要的意义；经济方面，地热能产业规模发展将为我国经济增长及经济结构转型升级贡献新动能；社会效益方面，地热能高质量发展将带动装备制造、地质勘查、建筑、现代农业、休闲旅游等上下游产业链全面发展，促进就业不断增加。

截至目前，地热能发展较为缓慢，特别是在地热发电、地热供冷和深层地热资源的开发方面。原因在于人们还没有充分意识到此举背后巨大的经济效益，而从事与地热利用相关的技术、科研人员不具备将其大量向市场推广的经济实力。从目前我国的发展模式来看，地热发电主要依靠政府支持，然而力度却非常有限。地热供暖和地源热泵技术主要依靠企业投入，但是企业是以盈利为目的，因此资金主要用于易开发且回报率比较高的地方，对于具有一定开发难度的资源就不开发、不投资；同时，企业的开发处于一种无序的状态，造成了资源的极大浪费，从地热资源开发利用的长远利益来看意义不大。因此，要将地热能的开发利用推向市场，首先必须把与之相关的科研力量和经济力量统筹到一起，让双方充分认识到彼此在该项目所能发挥的关键作用，以及能带来的可观的经济效益，激发大家对地热能项目投入巨大热情。其次，需要政府引导、政策支持，尽快出台采用补贴措施的相关文件，把补贴政策落到实处，以激发大家的开发热情。另外，要积极引导大型国有企业（如中国石油和中国石化）的介入，充分利用资金、资源和行业内的号召力，能够把人们吸引到地热资源的开发与利用的行业中来，为整个地热行业的发展注入新的活力。最后，要积极鼓励中小企业持续投入，鼓励企业以 BOT 模式或 PPP 模式扩大融资规模，大力进军地热采暖、地源热泵等行业。

（2）开展地热资源开发利用现状普查与监测

我国地热资源开发利用现状是进行科学规划的基础。我国是中低温地热资源的大国，具备发电能力的高温地热资源有限，近年来我国对中低温地热资源的开发利用有了很大的发展，只有对地热温室、温泉洗浴、供热采暖、地热发电等各个方面进行全面普查，才能客观反映我国地热能利用的实际情况。同时，应注重地热资源开发利用状况的动态跟踪，通过建立全国地热能开发利用监测信息系统，利用现代信息技术，对地热能勘查、开发利用情况进行系统的监测和动态评价。

（3）加强重点地区的地热资源勘查评价

地热资源的勘查开发要与当地的资源条件、环境要求和市场需求相结合。京津冀地区是我国重要的地热分布区，同时也是雾霾问题较严重的地区，应加快推进区域内主要城市浅层低温能的调查与开发利用，用于建筑物供暖供冷；长江经济带冬季供暖是近年来强烈的民生需求，要加快开展区域内中大比例尺地热资源调查，充分利用浅层低温能资源。而干热岩作为国家战略性接替资源，要选择重点区域进行干热岩资源调查和开发技术攻关，开展增强型地热系统的示范研究，为实现商业化开发提供资源和工程技术保障。

（4）因地制宜地发展多种地热利用方式

我国地热资源量大，类型丰富，开发利用潜力巨大。但目前地热利用方式仍以直接利用为主，且技术较为成熟，而地热发电的水平和规模差距明显。为实现我国地热资源综合高效利用，在推广地热直接利用的同时，要加强地热发电的利用水平，关键在于突破针对不同类型地热资源的多种地热发电技术，如利用中低温地热能的有机朗肯循环发电技术。在促进地热发电、供暖等高低端产业协调发展的同时，还要注重提高地热能利用的集约化水平，开发梯级高效利用技术，降低地热尾水排放温度，极大地提高地热利用率。

（5）引进和创新地热利用的理论和技术方法

针对地热发电、直接利用和地源热泵，以及增强型地热系统等地热开发利用方式，欧盟已形成较为成熟的技术体系，当前关注的焦点在于进一步优化技术和创新理论，从而降低成本获得竞争优势。我国在开展地热资源勘查、开发利用的同时，应注重对国外先进理论和技术的引进，进一步结合我国地热资源开发利用条件，进行改造创新，从而加快我国地热能开发利用步伐。

（6）加大对地热资源开发的政策支持力度

目前，我国在地热能利用上依然与欧盟、美国等地热利用强国（地区）存在差距，这些国家或地区地热能利用的迅猛发展，离不开良好的产业发展环境和政策激励作为支撑。欧盟通过发布"关于促进可再生能源的使用的指令",要求欧盟成员国必须实施"国家可再生能源行动计划"(NREAP),其中 19 个欧盟国家已将地热能源列入 NREAP 计划中。而德国政府更是通过颁布《可再生能源法》,以法律的形式推进地热能源等可再生资源的开发利用。因此,我国应将地热能开发利用列为重点优先发展产业,制定优惠扶持政策及产业发展法规,如地热发电上网电价优惠、供暖(供冷)价格补贴、减税、有利于地热产业发展的规范标准等,从而推动我国地热产业的可持续发展。

(7)建立全国性地热发展联盟和平台

借鉴欧盟的经验,通过建立一系列研发平台、联合计划和产业联盟等综合开发模式,促进地热能的高效开发和利用。2016 年 8 月,中国地源热泵产业联盟的成立就是一个很好的尝试,产业联盟成员涵盖地源热泵行业内优秀的研发、制造、销售单位及相关维护运营等企业,将有力地推动我国地热能开发事业。同时,可以通过建立国家级研发平台,开展地热领域的联合计划和设立国家专项等方式,整合国内外优势力量,加强地热开发利用理论创新,突破地热勘探、开采、利用、回灌等方面的关键技术,提高地热科技自主创新力和核心竞争力。

6.3 本章小结

本章简述了地热能在全球及我国的发展利用现状,并总结了地热能的发展趋势,即地热产业规模将不断扩大、梯级利用地热能将成为主要发展方向、干热岩地热能源成为未来主攻方向。我国地热资源相对于其他的新能源来说,具有不可比拟的优势,具有更高的经济价值。虽然,我国地热能的开发与利用以及相应的地热产业已形成一定的规模,但由于认识、技术或是法规上的局限,地热行业仍存在着众多的不足与缺陷。本章在对我国地热能发展过程中的问题进行分析阐述的基础上,提出针对性的相应的对策和建议。

参考文献

[1] 石逍雁. 地热能及地热资源的开发与利用浅析[J]. 中山大学研究生学刊（自然科学·医学版），2016，36（4）：56-65.

[2] 朱纹汶. 可再生能源——地热能的应用探讨[J]. 中氮肥，2017（4）：78-80.

[3] 闫强，王安建，王高尚，等. 我国新能源产业发展战略研究[J]. 商业时代，2009（26）：105-107.

[4] 《中国地热能发展报告（2018）》白皮书发布[J]. 地质装备，2019，20（2）：3-6.

[5] 关锌. 我国地热资源开发利用现状及对策与建议[J]. 中国矿业，2010，19（5）：7-9.

[6] 郭森，马致远，李劲彬，等. 我国地热供暖的现状及展望[J]. 西北地质，2015，48（4）：204-209.

[7] 丁志军. 水源热泵原理及应用[J]. 安装，2012（4）：25-28.

[8] 毛业斌. 水源热泵及其应用前景[J]. 机电设备，2005（1）：29-32.

[9] 朱岩，杨历，李中领. 土壤源热泵的节能与技术经济性分析[J]. 煤气与热力，2005（3）：73-76.

[10] 苏逊卿. 地热资源热能发展及提取技术现状[J]. 石化技术，2017，24（9）：132.

[11] 王伟亮，王丹，贾宏杰，等. 能源互联网背景下的典型区域综合能源系统稳态分析研究综述[J]. 中国电机工程学报，2016，36（12）：3292-3306.

[12] 李福. 海南岛深层干热岩地热发电选址//李四光倡导中国地热能开发利用 40 周年纪念大会暨中国地热发展研讨会[C]. 北京：2010.

[13] 曾梅香，李俊. 天津地区干热岩地热资源开发利用前景浅析//全国地热资源开发利用与保护考察研讨会[C]. 北京：2007.

[14] 孙知新，李百祥，王志林. 青海共和盆地存在干热岩可能性探讨[J]. 水文地质工程地质，2011（2）：119-124.

[15] 张云飞. 能源革命：生态文明建设的引擎[J]. 国家治理，2018（33）：13-21.

[16] 何建坤. 中国能源革命与低碳发展的战略选择[J]. 武汉大学学报（哲学社会科学版），2015，68（1）：5-12.

[17] "生态文明建设与能源生产消费革命"课题组. 生态文明建设与能源生产消费革命[J]. 中国工程科学，2015，17（9）：91-97.

[18] 陆波. 当代中国绿色发展理念研究[D]. 苏州：苏州大学，2017.

[19] 童俊杰. 生态文明视域下低碳经济发展问题研究[D]. 开封：河南大学，2015.

[20] 孙龙德，朱兴珊. 能源革命——中国油气发展未来之路[J]. 国际石油经济，2015，23（1）：2-7，109.

[21] 习近平. 决胜全面建成小康社会夺取新时代中国特色社会主义伟大胜利——在中国共产党第十九次全国代表大会上的报告[R]. 北京：人民出版社，2017.

[22] 张建民. 中国能源革命战略与政策取向——以山西省为例[J]. 能源研究与利用，2019（2）：38-41.

[23] 王菊，于阿南，房春生. 能源革命战略背景下控制煤炭消费的困境与对策——以高比例煤炭消费的吉林省为例[J]. 经济纵横，2018（9）：51-57.

[24] 张玉卓，蒋文化，俞珠峰，等. 世界能源发展趋势及对我国能源革命的启示[J]. 中国工程科学，2015，17（9）：140-145.

[25] 黄勤，曾元，江琴. 中国推进生态文明建设的研究进展[J]. 中国人口·资源与环境，2015，25（2）：111-120.

[26] 丁刚，刘建辉. 生态文明建设的理论内涵浅析[J]. 长春工程学院学报（社会科学版），2014，15（1）：1-4.

[27] 李桂花，杜易. 生态文明建设的基本内涵及其理论基础[J]. 长春市委党校学报，2014（1）：36-38，43.

[28] 李宏伟. 生态文明建设的科学内涵与当代中国生态文明建设[J]. 理论参考，2012（5）：

7-9.

[29] 树忠，胡咏君，周洪. 生态文明建设的科学内涵与基本路径[J]. 资源科学，2013（1）：
     2-13.

[30] 钟志奇. 生态文明建设中的生态经济发展：从自然观的视角分析[J]. 社会科学家，2010
     （5）：123-126.

[31] 靖林. 我国生态文明建设过程中面临的问题及对策研究[D]. 石家庄：河北师范大学，2014.

[32] 方豪，夏建军，林波荣，等. 北方城市清洁供暖现状和技术路线研究[J]. 区域供热，2018
     （1）：11-18.

[33] 鹿清华，张晓熙，何祚云. 国内外地热发展现状及趋势分析[J]. 石油石化节能与减排，
     2012，2（1）：39-42.

[34] 陈墨香，汪集旸. 中国地热研究的回顾和展望[J]. 地球物理学报，1994（S1）：320-338.

[35] 孔彦龙，陈超凡，邵亥冰，等. 深井换热技术原理及其换热量评估[J]. 地球物理学报，2017，
     60（12）：4741-4752.

[36] 韩二帅，张家护，鲁冰雪，等. 中深层地热能供热技术综述及工程实例[J]. 区域供热，2019
     （2）：79-83，95.

[37] 罗佐县，梁海军，何铮，等. 地热在北方清洁取暖中的角色定位[J]. 能源，2017（4）：
     36-39.

[38] 张慧. 浅议地热能的综合开发利用[J]. 经济研究参考，2013（35）：99.

[39] 陈建平. 深层地热、浅层地源与热泵技术的利用[A]//中国能源研究会地热专业委员会. 全
     国地热产业可持续发展学术研讨会论文集[C]. 北京：中国能源研究会地热专业委员会，
     2005：5.

[40] 韩二帅，王飞麟，孟智远. 我国地热能资源提取开发利用现状与展望[J]. 洁净与空调技术，
     2019（1）：71-73.

[41] 方亮. 地源热泵系统中深层地埋管换热器的传热分析及其应用[D]. 济南：山东建筑大学，
     2018：5-11.

[42] 孟阳. 关中地区地热产业发展现状及前景研究[D]. 西安：长安大学，2017.

[43] 张玉卓. 中国清洁能源的战略研究及发展对策[J]. 中国科学院院刊, 2014, 29（4）: 429-436.

[44] 刘邦凡, 张贝, 连凯宇. 论我国清洁能源的发展及其对策分析[J]. 生态经济, 2015, 31（8）: 80-83, 92.

[45] 任丹丹. "一带一路"视角下绿色能源经济带建设研究[D]. 郑州: 河南财经政法大学, 2017.

[46] 于爽. 中国绿色能源行业现状与发展前景分析[J]. 中外企业家, 2018（31）: 196-197.

[47] 林智钦, 林宏赡. 2011 中国能源环境发展研究——绿色能源: 引领未来[J]. 中国软科学, 2011（S1）: 49-60.

[48] 国家能源局. 国能新能〔2013〕48 号: 国家能源局、财政部、国土资源部、住房和城乡建设部关于促进地热能开发利用的指导意见[Z]. 北京, 2013.

[49] 胡俊文, 闫家泓, 王社教. 我国地热能的开发利用现状、问题与建议[J]. 环境保护, 2018, 46（8）: 45-48.

[50] 邓杰文, 魏庆芃, 张辉, 等. 中深层地热源热泵供暖系统能耗和能效实测分析[J]. 暖通空调, 2017, 47（8）: 150-154.

[51] 张家云. 我国中深层地热能供暖现状及问题研究分析[J]. 科技创新导报, 2017, 14（36）: 44-45.

[52] 马伟斌, 龚宇烈, 赵黛青, 等. 我国地热能开发利用现状与发展[J]. 中国科学院院刊, 2016, 31（2）: 199-207.

[53] 武瞳, 刘钰莹, 董喆, 等. 地源热泵的研究与应用现状[J]. 制冷技术, 2014, 34（4）: 71-75.

[54] 丁永昌. 中深层地热能梯级利用系统优化研究[D]. 济南: 山东建筑大学, 2016.

[55] 李鹏程. 中深层地热源热泵套管式地埋管换热器传热特性研究[D]. 哈尔滨: 哈尔滨工业大学, 2018.

[56] 赵阳. 中深层地热取热系统及传热模型研究[D]. 邯郸: 河北工程大学, 2019.

[57] 王子勇. 中深层地热用井下同轴换热器取热特性研究[D]. 邯郸: 河北工程大学, 2019.

[58] 钟迪, 李启明, 周贤, 等. 多能互补能源综合利用关键技术研究现状及发展趋势[J]. 热力发电, 2018, 47（2）: 1-5, 55.

[59] 艾芊，郝然. 多能互补、集成优化能源系统关键技术及挑战[J]. 电力系统自动化，2018，42（4）：2-10，46.

[60] 梅生伟，李瑞，黄少伟，等. 多能互补网络建模及动态演化机理初探[J]. 全球能源互联网，2018，1（1）：10-22.

[61] 吴聪，唐巍，白牧可，等. 基于能源路由器的用户侧能源互联网规划[J]. 电力系统自动化，2017，41（4）：20-28.

[62] 朱春萍，沙志成，朱子钊. 多能互补区域能源典型方案设计与研究[J]. 国网技术学院学报，2017，20（3）：40-43，48.

[63] 曾鸣，张晓春，王丽华. 以能源互联网思维推动能源供给侧改革[J]. 电力建设，2016，37（4）：10-15.

[64] 何仲潇. 多能协同的综合能源系统协调调度方法研究[D]. 杭州：浙江大学，2018.

[65] 崔琼，黄磊，舒杰，等. 多能互补分布式能源系统容量配置和优化运行研究现状[J]. 新能源进展，2019，7（3）：263-270.

[66] 王继业，孟坤，曹军威，等. 能源互联网信息技术研究综述[J]. 计算机研究与发展，2015，52（5）：1109-1126.

[67] 田世明，栾文鹏，张东霞，等. 能源互联网技术形态与关键技术[J]. 中国电机工程学报，2015，35（14）：3482-3494.

[68] 孙秋野，滕菲，张化光，等. 能源互联网动态协调优化控制体系构建[J]. 中国电机工程学报，2015，35（14）：3667-3677.

[69] 孙宏斌，郭庆来，潘昭光. 能源互联网：理念、架构与前沿展望[J]. 电力系统自动化，2015，39（19）：1-8.

[70] 刘涤尘，彭思成，廖清芬，等. 面向能源互联网的未来综合配电系统形态展望[J]. 电网技术，2015，39（11）：3023-3034.

[71] 孙宏斌，郭庆来，潘昭光，等. 能源互联网：驱动力、评述与展望[J]. 电网技术，2015，39（11）：3005-3013.

[72] 马钊，周孝信，尚宇炜，等. 能源互联网概念、关键技术及发展模式探索[J]. 电网技术，

2015，39（11）：3014-3022.

[73] 严太山，程浩忠，曾平良，等 能源互联网体系架构及关键技术[J]. 电网技术，2016，40（1）：105-113.

[74] 曾鸣，杨雍琦，刘敦楠，等. 能源互联网"源—网—荷—储"协调优化运营模式及关键技术[J]. 电网技术，2016，40（1）：114-124.

[75] 刘世成，张东霞，朱朝阳，等. 能源互联网中大数据技术思考[J]. 电力系统自动化，2016，40（8）：14-21，56.

[76] 戴宝华. 我国地热资源开发利用与战略布局思考[J]. 石油石化绿色低碳，2017，2（1）：6-12.

[77] 郑人瑞，周平，唐金荣. 欧洲地热资源开发利用现状及启示[J]. 中国矿业，2017，26（5）：13-19.

[78] 过广华. 我国地热产业整体评价与发展模式探析[D]. 北京：中国地质大学（北京），2018.

[79] ［英］阿姆斯特德（H. C. H. Armstead）. 地热能[M]. 水利电力部科学研究所电力室，译校. 北京：科学出版社，1978.

[80] 汪集暘，龚宇烈，陆振能，等. 从欧洲地热发展看我国地热开发利用问题[J]. 新能源进展，2013，1（1）：6.

[81] 邢万里. 2030 年我国新能源发展优先序列研究[D]. 北京：中国地质大学（北京），2015.

[82] 庞忠和，胡圣标，汪集暘. 中国地热能发展路线图[J]. 科技导报，2012，30（32）：18-24.

[83] 李德威，王焰新. 干热岩地热能研究与开发的若干重大问题[J]. 地球科学（中国地质大学学报），2015，40（11）：1858-1869.

[84] 申恒明. 我国地热能开发利用现状及发展趋势[J]. 科学技术创新，2019（14）：20-21.

[85] 胡俊文，闫家泓，王社教. 我国地热能的开发利用现状、问题与建议[J]. 环境保护，2018，46（8）：45-48.

[86] 苗杉. 我国地热供暖促进政策研究[D]. 北京：华北电力大学（北京），2016.

[87] 马立新，田舍. 我国地热能开发利用现状与发展[J]. 中国国土资源经济，2006（9）：19-21，47.

[88] 王仲颖，任东明，高虎，等. 中国可再生能源产业发展报告[M]. 北京：中国经济出版社，
      2013.

[89] 郑克巧，董颖，陈樟慧，等. 中国加速地热资源的产业化开发[J]. 地热能机，2015（3）：
      3-8.

[90] 关锌. 地热资源经济评价方法与应用研究[D]. 北京：中国地质大学，2014.

[91] 马立新，田舍. 我国地热能开发利用现状与发展[J]. 中国国土资源经济，2006（9）：
      19-21，47.

[92] 罗佐县，梁海军，许萍，等. 我国地热产业发展机遇、挑战及对策分析[J]. 当代石油石化，
      2018，26（3）：35-42.

[93] 王艳霞. 地热能开发中存在的问题及对策[J]. 中国石化，2012.

[94] 杨红亮，郑康彬. 中国浅层地热能规模化开发与利用[J]. 中国地热发展研讨会，2010.

[95] 张克冰，赵素萍，薛江波. 国内外地热资源开发利用的现状及发展思路[J]. 理论导刊，
      2002（8）.

[96] 王庆一. 可再生能源的现状和前景[J]. 电力技术经济，2007（19）.

[97] 关凤峻，陈小宁，李继江. 中国地热能开发的成就与展望[C]. 中国地热发展研讨会，2010.

[98] 张培民. 地源热泵系统的技术经济及环保效益综合评价[D]. 北京：清华大学，2011.

[99] 杨国利. 多能互补供能系统实验研究与经济性分析[D]. 天津：天津大学，2012.

[100] 吕悦，莫然，周沫，等. 中国地源热泵技术应用发展情况调查报告（2005—2006）[J]. 工
      程建设与设计，2007（9）：4-11.

[101] 杨灵艳，徐伟，朱清宇，等. 国际热泵技术发展趋势分析[J]. 暖通空调，2012，42（8）：
      1-8.

[102] 李笑寒，余跃进. 地源热泵技术对建筑节能的重要意义[J]. 建筑节能，2014，42（4）：
      13-15.

[103] 杨灵艳，徐伟，朱清宇，等. 国际热泵技术发展趋势分析[J]. 暖通空调，2012，42（8）：
      1-8.

[104] 徐伟，刘志坚. 中国地源热泵技术发展与展望[J]. 建筑科学，2013，29（10）：26-33.

[105] 李笑寒，余跃进. 地源热泵技术对建筑节能的重要意义[J]. 建筑节能，2014，42（4）：13-15.

[106] 余晓丹，徐宪东，陈硕翼，等. 综合能源系统与能源互联网简述[J]. 电工技术学报，2016，31（1）：1-13.

[107] 李更丰，别朝红，王睿豪，等. 综合能源系统可靠性评估的研究现状及展望[J]. 高电压技术，2017，43（1）：114-121.

[108] 程林，张靖，黄仁乐，等. 基于多能互补的综合能源系统多场景规划案例分析[J]. 电力自动化设备，2017，37（6）：282-287.

[109] 陈柏森，廖清芬，刘涤尘，等. 区域综合能源系统的综合评估指标与方法[J]. 电力系统自动化，2018，42（4）：174-182.

[110] 曾鸣，刘英新，周鹏程，等. 综合能源系统建模及效益评价体系综述与展望[J]. 电网技术，2018，42（6）：1697-1708.

[111] 贾宏杰，穆云飞，余晓丹. 对我国综合能源系统发展的思考[J]. 电力建设，2015，36（1）：16-25.

[112] 黎静华，桑川川. 能源综合系统优化规划与运行框架[J]. 电力建设，2015，36（8）：41-48.

[113] 董振斌，删狄正. 多能互补集成优化能源系统的研究与实践[J]. 电力需求侧管理，2018，20（1）：·46-49.

[114] 张利军，徐晨博，范娟娟，等. 区域能源互联网多能系统规划决策关键技术及应用[J]. 现代电力，2018，35（4）：27-34.

[115] 刘秀如. 我国多能互补能源系统发展及政策研究[J]. 环境保护与循环经济，2018，38（7）：1-4.

[116] 魏立峰. 北方地区清洁供暖技术及工程案例浅析[J]. 供热制冷，2019（6）：19-23.

[117] 李忠. 北方农村清洁供暖技术路径分析[J]. 建设科技，2017（18）：28-31.

[118] 顾铭，马宏权，王勇. 江水源热泵的技术关键与工程案例分析[J]. 建筑热能通风空调，2010，29（4）：38-42.

[119] 任战利. 中国北方沉积盆地构造热演化史研究[M]. 北京：石油工业出版社，1999.

[120] 任战利, 刘润川, 任文波, 等. 渭河盆地地温场分布规律及其控制因素[J]. 地质学报, 2020, 94（7）: 1938-1949.

[121] Gioia F, Xiaolei L, Roy Radido O, et al. Assessment of deep geothermal energy exploitationmethods: The need for novel single-well solutions[J]. Energy, 2018, 160: 54-63.

[122] Jon L, Thijs B, Maarten P, et al. Geothermal energy in deep aquifers: A global assessment of the resource base for direct heat utilization[J]. Renewable and Sustainable Energy Reviews, 2018, 82: 961-975.

[123] Jialing Z, Kaiyong H, Xinli L, et al. A review of geothermal energy resources, development, and applications in China: Current status and prospects[J]. Energy, 2015, 93: 466-483.

[124] Ioan Sarbu, Calin Sebarchievici. General review of ground-source heat pump systems for heating and cooling of buildings[J]. Energy and Buildings, 2014, 70: 441-454.

[125] Lyu Z, Song X, Li G, et al. Numerical analysis of characteristics of a single U-tube downhole heatexchanger in the borehole for geothermal wells[J]. Energy, 2017, 125: 186-196.

[126] John W. Lund, Tonya L. Boyd. Direct utilization of geothermal energy 2015 worldwide review[J]. Geothermics, 2016, 60.

[127] Hepbasli, O. Akdemir. Energy and exergy analysis of a ground source heat pumpsysterm. Energy Conversion & heat Management, 2014（45）: 737-753.

[128] Wan Z, Zhao Y, Kang J. Forecast and evaluation of hot dry rock geothermal resource in China[J]. Renewable Energy, 2005, 30（12）: 1831-1846.

[129] Chen J, Jiang F. Designingmulti-well layout for enhanced geothermal system to better exploit hot dry rock geothermal energy[J]. Renewable Energy, 2015, 74（1）: 37-48.

[130] Zaigham N A, Nayyar Z A. Renewable hot dry rock geothermal energy source and its potential in Pakistan[J]. Renewable & Sustainable Energy Reviews, 2010, 14（14）: 1124-1129.

[131] Von Knebel, W. Studien in Den Thermengebieten Islands[M]. Naturwiss. Rundsch, 1906.

[132] Reed M J. Assessment of low-temperature geothermal resources of the United States - 1982[J]. Nursing Mirror, 1982, 145（24）: 10.

[133] Sanjuan B, Millot R, Brach M, et al. Use of a New Sodium/Lithium（Na/Li）Geothermometric Relationship for High-Temperature Dilute Geothermal Fluids from Iceland[J]. Hebei Law Science, 2010.

[134] Tester JW, Blackwell G, Petty S, et al. The Future of Geo-thermal Energy: Impact of Enhanced Gethermal System（EGS）on the United States in the 21 Century [M]. Cam-bridge MA: Massachusetts Institute of Technology, 2006: 1-358.

[135] Zhihua W, Fenghao W, Jun L, et al. Field test and numerical investigation on the heat transfer characteristics and optimal design of the heat exchangers of a deep borehole ground source heat pump system[J]. Energy Conversion and Management, 2017（153）: 603-615.

[136] Rybach L, Hopkirk R J. Shallow and deep borehole heat exchangers-Achievements and prospects. // Proc. World Geothermal Congress. International Geothermal Association. Florence, Italy, 1995: 2133-2138.

[137] Proskurowski G, Lilley M D, Kelley D S, et al. Low temperature volatile production at the Lost City Hydrothermal Field, evidence from a hydrogen stable isotope geothermometer[J]. Chemical Geology, 2006, 229（4）: 331-343.

[138] Han D M, Liang X, Jin M G, et al. Evaluation of groundwater hydrochemical characteristics andmixing behavior in the Daying and Qicun geothermal systems, Xinzhou Basin[J]. Journal of Volcanology & Geothermal Research, 2010, 189（1）: 92-104.

[139] Sanliyuksel D, Baba A. Hydrogeochemical and isotopic composition of a low-temperature geothermal source in northwest Turkey: case study of Kirkgecit geothermal area[J]. Environmental Earth Sciences, 2011, 62（3）: 529-540.

[140] John W. Lund. Geothermal energy focus: Tapping the earth's natural heat[J]. Refocus, 2006, 7（6）: 48-51.

[141] Jin-Yong Lee. Current status of ground source heat pumps in Korea[J]. Renewable and Sustainable Energy Reviews, 2009, 13（6-7）: 1560-1568.

[142] Wang G, Li K, Wen D, et al. Assessment of Geothermal Resources in China[C]. Stanford

University，Stanford, California：38th Workshop on Geothermal Reservoir Engineering，2013：11-13.

[143] Alex Q H，Mariesa L C，Gerald T H，et al. The future renewable electric energy delivery andmanagement（FREEDM）system：the energy internet [J]. Proceedings of the IEEE，2010，99（1）：133-148.

[144] Rifkin J. The Third Industrial Revolution：How Lateral Power is Transforming Energy，the Economy，and the World[M]. New York：Palgrave Macmillan，2013.

[145] Boyd J. An internet-inspired electricity grid[J]. IEEE Spectrum，2013，50（1）：12-14.

[146] Wenxin L，Xiangdong L，Yong W，et al. An integrated predictivemodel of the long-term performance of ground source heat pump（GSHP）systems[J]. Energy and Buildings，2018，159：309-318.

[147] George M. Building owners top into new saving with high efficiency water source heat pumps[J]. ASH R AE Journal，2010（8）：29-34.

[148] Giuseppe E，Angelo Z，Michele D C，et al. Ground source heat pump systems in historical buildings：two Italian case studies[J]. Energy Procedia，2017，133：183-194.

[149] Jiewen D，Qingpeng W，Mei L，et al. Does heat pumps perform energy efficiently as we expected：Field tests and evaluations on various kinds of heat pump systems for space heating[J]. Energy and Buildings，2019，182：172-186.

[150] Junfeng D，Shimin W. 2D modeling of well array operating enhanced geothermal system[J]. Energy，2018，162：918-932.

[151] R. Yumrutaş，M. Ünsal. A computationalmodel of a heat pump system with a hemispherical surface tank as the ground heat source[J]. Enargy，2000，25：371-388.